电力系统自动化技术实验教程

主　编　唐　敏

副主编　刘凤丽

编　者　康永红　刘凤丽

唐　敏　王　莹

大连理工大学出版社

图书在版编目(CIP)数据

电力系统自动化技术实验教程 / 唐敏主编. — 大连
：大连理工大学出版社，2013.2(2018.3 重印)
现代远程教育系列教材
ISBN 978-7-5611-7679-5

Ⅰ.①电… Ⅱ.①唐… Ⅲ.①电力系统-自动化-实验-远程教育-教材 Ⅳ.①TM76-33

中国版本图书馆 CIP 数据核字(2013)第 039223 号

大连理工大学出版社出版
地址:大连市软件园路 80 号　邮政编码:116023
发行:0411-84706041　传真:0411-84707403　邮购:0411-84706041
E-mail:dutp@dutp.cn　URL:http://dutp.dlut.edu.cn
大连日升彩色印刷有限公司印刷　大连理工大学出版社发行

幅面尺寸:185mm×260mm　印张:6.75　字数:156 千字
2013 年 2 月第 1 版　2018 年 3 月第 4 次印刷

责任编辑:王影琢　责任校对:任延涛
封面设计:戴筱冬

ISBN 978-7-5611-7679-5　定　价:16.90 元

出版说明

基于计算机网络条件下的远程教育，即网络教育，亦称现代远程教育，已经成为当今推进我国高等教育大众化的新途径。经批准，大连理工大学于2002年2月成为全国68所现代远程教育试点高校之一。大连理工大学现代远程教育以“面向社会、服务社会”为宗旨，以“规范管理、提高质量、突出特色、创建品牌”为指导思想，在传承大连理工大学优秀的教育传统与文化的同时，依托校内外优秀的教育资源，借助于现代教育技术手段，在国家终身教育体系中为社会提供了多层次、高质量的教育服务，已形成具有大连理工大学特色的现代远程教育品牌。

为了进一步提高现代远程教育的教学质量，我院在继续做好现代远程教育网络资源建设、开展好网上学习支持服务的同时，积极组织编写具有远程教育特色的高水平纸介教材。大连理工大学自2007年开始将现代远程教育系列纸介教材的编辑出版工作列入“现代远程教育类教学改革基金项目”加以实施。

现代远程教育系列纸介教材建设立足于现代远程教育的特色，为培养应用型人才服务。现代远程教育系列纸介教材以网络课程的教学大纲为基础进行编写，在内容取舍、理论深度、文字处理上适合现代远程教育学生的实际接受能力，适应现代远程教育学生自主学习的需要。现代远程教育系列纸介教材的编者要求具有较高的学术水平、丰富的教学经验、较好的文字功底，原则上优先选聘本课程网络课件的主讲教师担任编写工作。

目前，经过不断的努力，现代远程教育系列纸介教材已陆续出版问世，特向各位编者及审稿专家表示感谢，同时敬请社会各界同行对不足之处给予批评指正。

大连理工大学远程与继续教育学院

2013年8月

前 言

实验教学作为现代远程教育实践教学的重要组成部分，是实现应用型人才培养目标不可缺少的重要环节。通过实验教学，不仅能使学生掌握实验的基本方法、基本技能和提高实际操作能力，而且有利于培养学生的观察能力、思维能力、分析能力和创造能力，使学生的实践综合素质得到普遍的提高。实验教学还可以帮助学生理解和巩固所学知识，对培养学生理论联系实际的学风、实事求是的科学态度和探究问题的科学方法都具有重要的意义。

本书主要作为大连理工大学现代远程教育电力系统自动化技术专业实验课程学习的配套教材而编写。根据现代远程教育学生在职学习特点，同时确保学生达到教学的基本要求，结合大连理工大学远程与继续教育学院《关于加强现代远程教育文字教材建设的意见》，本书理论与实践相结合，突出基础性、技能性与实用性。

本书由唐敏主编，刘凤丽任副主编，由章艳、郭学满主审。全书共分两个部分，第 1 部分由刘凤丽编写；第 2 部分第 1、2、5、6 节由王莹编写，第 1、3、4 节和附录部分由康永红编写，最后由唐敏负责统稿。

本书在编写过程中，得到了大连理工大学校部实验老师、大连理工大学远程与继续教育学院以及大连理工大学出版社的大力支持与帮助，编写过程中参阅了许多著作和文献，在此一并表示诚挚的谢意。

由于时间仓促，水平有限，书中难免会有错误和不足，恳请读者批评、指正。

编 者

2013 年 2 月

目 录

第1部分 电路分析实验

1.1 绪 论

在现代远程教育中，实践性教学环节对完成培养目标、配合理论教学、培养学生分析问题和解决问题的能力、确保教学质量具有至关重要的意义。实验教学是实践教学环节中的一个重要组成部分，很多理工科目的学习都是以实验课程为基础的，尤其是对于一些实践性较强的课程，实验对于培养学生的实际操作能力和解决问题的能力是非常重要的。学生只有通过足够的验证性实验和一定数量的综合性实验才能真正理解和掌握该学科的理论知识，才能获得一定的综合测试技能和实验能力，并初步具有处理实际测试工作的能力。所以，开设网上虚拟实验课程将成为现代远程教育中开展实验教学环节的一个必然趋势。

电路分析实验是电路理论的基础实践课程。主要内容是探讨电路的基本定理和定律，并讨论各种计算方法。通过本课程的学习，使学生掌握电路的基本理论、基本分析方法和初步的实验技能；培养分析问题和解决问题的能力；为学习电工电子类专业知识准备必要的基础知识。

电路分析实验系统是针对大连理工大学网络教育学院专科《电路分析实验》课程配套开发的、可在网上操作的虚拟实验系统，系统模拟真实实验中用到的器材和设备，提供与真实实验相似的实验环境。其网上实验管理功能，可满足实践教学环节的需要，尤其适用于远程教学。

1. 虚拟实验简介

虚拟实验是指借助于多媒体、仿真和虚拟现实等技术在计算机上营造可辅助、部分替代甚至全部替代传统实验各操作环节的相关软硬件操作环境，实验者可以在模拟真实的环境中完成各种实验项目，所取得的实验效果等同于在真实环境中所取得的效果。

虚拟实验是相对真实实验而言的。后者在实验中所采用的实验设备、实验对象、实验环境都是以实物形态出现的。在虚拟实验中，这些实验设备和实验对象不是以实物形态存在的，而是以虚拟形态存在。虚拟实验的实验过程主要是对虚拟物的操作，可以由实验者部分控制或完全控制，实验的结果可以存储、处理或者再现。因此，虚拟实验可以不断重复进行。通过虚拟实验，可以使实验者在进行真实实验之前对整个实验进行熟悉，从而提高实验效率，减少不必要的实验设备损失。虚拟实验需要的实验环境、实验对象以及实验设备由虚拟实验室提供。

2. 虚拟实验分类

目前网上虚拟实验的主要形式有三种，分别是远程控制实验、仿真实验、演示实验。

(1)远程控制实验

远程控制实验中的实验者可以通过网络直接对实验器材进行真实地远程控制，借助客户端程序和网络视频音频设备，学生既可以获得虚拟仪器的实验结果，又能够观察实际仪器设备的实时视频反馈，充分地体验真实的实验感受。远程控制实验系统可以让学生在有 Internet 的地方随时进行实验，从而提高实验设备的利用率。但是由于远程控制实验对传感器、执行机构和网络环境有着比较高的要求，因此远程控制实验主要运用在控制学科领域，目前在远程教育领域内还没有办法大面积推广。

(2)仿真实验

仿真实验是利用设备的数学模型或者数据库模型构建实验需要的虚拟设备，学生可以按实验要求在计算机软件仿真的实验环境中组装实验系统，通过改变实验模型的参数进行各种模拟实验，并得出相应的结果。仿真实验环境形象生动，可以为学生提供自主探索和个别化教育的学习环境，并且可以通过软件资源共享改善教学资源缺乏的教学现状。由于仿真实验除了计算机外不需要任何的实验设备投入，教学投资经济合算。

仿真实验的关键在于仿真模型和仿真环境的创建，仿真实验必须从设备内在的本质关联、外在形式完全模拟真实实验，模型的精度将直接影响到实验的可靠性，因此要求开发人员不仅需要掌握编程语言，还要掌握相应的专业知识。网络教育院校直接独立开发仿真实验存在一定的困难，不过，目前市场上有很多成型的产品，直接利用这些商业化的仿真软件对于解决网络教育中的实验问题无疑可以达到事半功倍的效果。

(3)演示实验

演示实验指将真实环境中的实验或操作流程拍摄成录像，让学生通过观看录像了解操作流程。实验录像投入成本低，制作周期短，虽然无法达到和真实实验相同的效果，但学生还是能够通过录像对课程实验有一个感性的认识，因此可以作为仿真实验手段的一个补充。

1.2 系统使用说明

1.2.1 实验操作环境

1. 进入实验操作界面

(1)首先进入奥鹏“教师中心平台”主页面，单击“电路分析实验”课程→“课件浏览”→“电路分析实验—模拟实验”，显示大连理工大学开放式虚拟实验室界面，如图 1-2-1 所示。从实验列表中单击实验进入，例如“伏安特性的测量”，如图 1-2-2 所示。

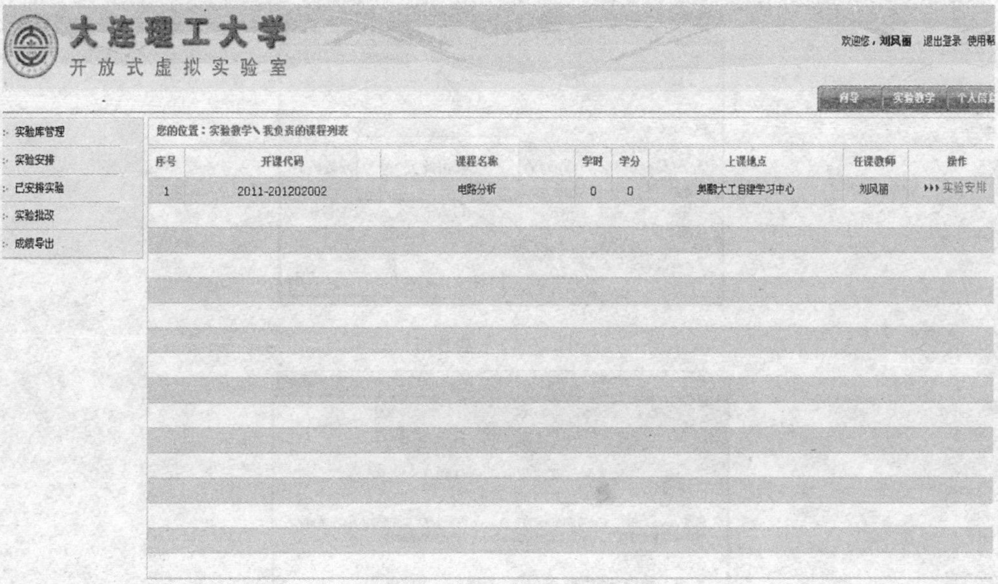

图 1-2-1　虚拟实验室界面

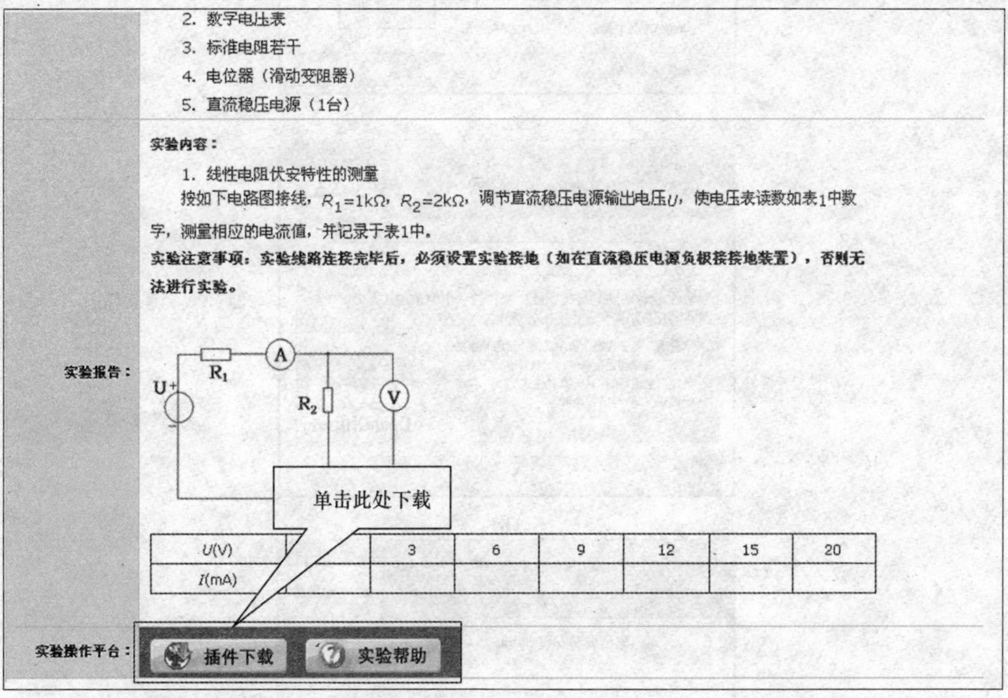

图 1-2-2　实验操作界面

①单击 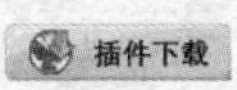 ，下载实验插件。

②下载完成后显示如图 1-2-3 所示，单击“打开”按钮，弹出 Java 程序的安装许可，单击“接受”，开始安装实验插件。安装部分过程如图 1-2-4 所示。单击“关闭”按钮后刷新页面。

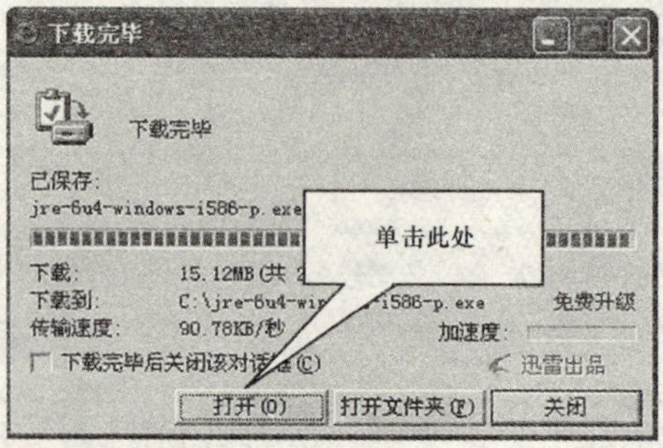

图 1-2-3 下载界面

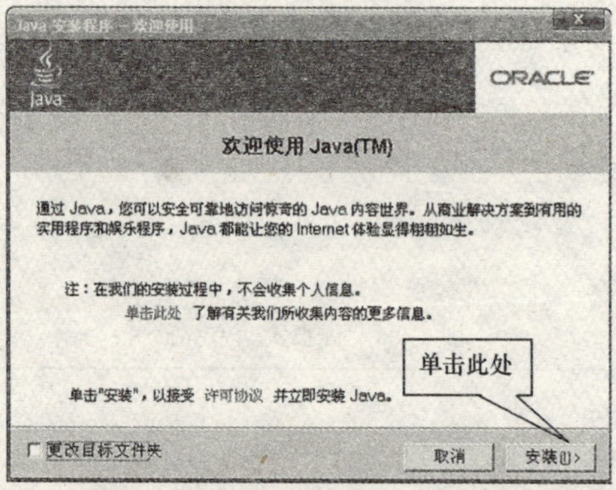

(a)

(b)

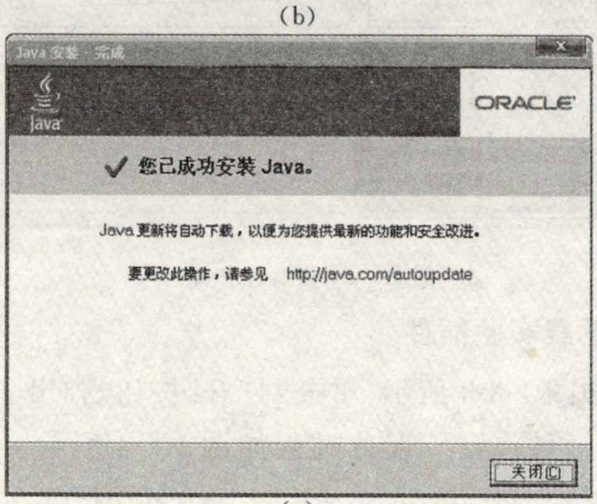

(c)

图 1-2-4 Java 安装

③如果电脑显示如图 1-2-5 所示对话框，切记需要单击“运行”按钮。

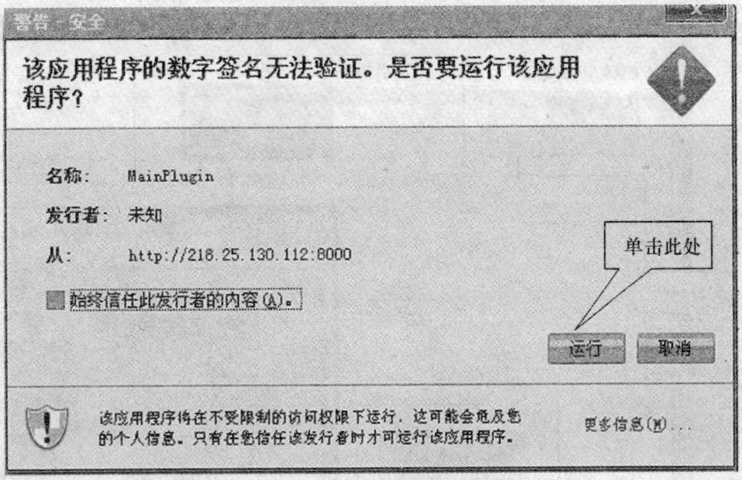

图 1-2-5　警告

④缓冲后的界面显示实验操作平台如图 1-2-6 所示。此时即可根据实验要求对实验进行操作了。

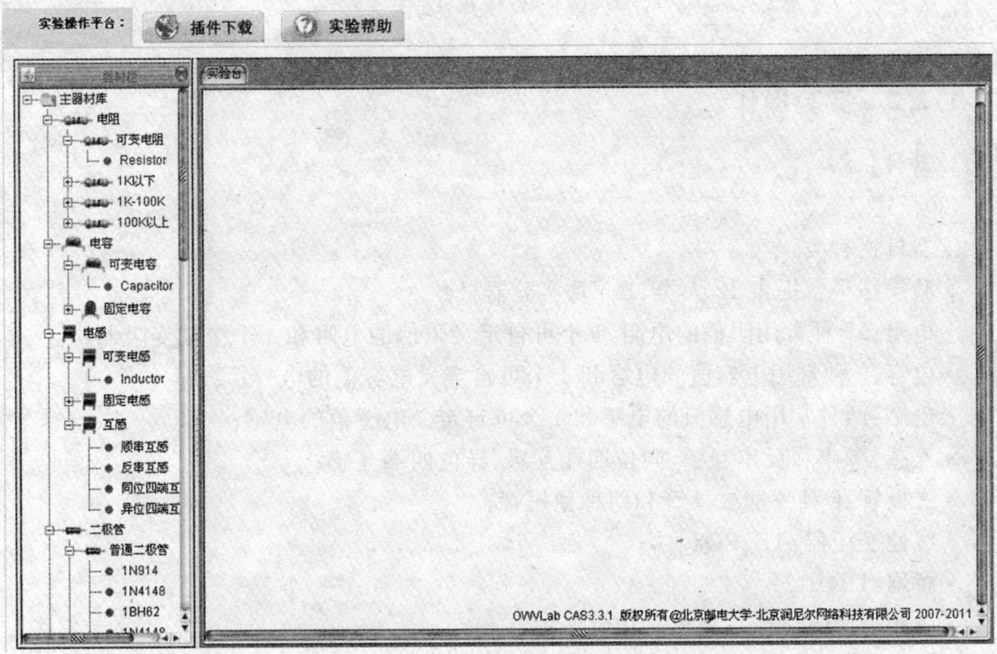

图 1-2-6　实验操作平台界面

2. 整体界面

实验操作平台界面包括实验台、器材栏和属性栏三部分，属性栏位置可自由移动。如图 1-2-7 所示。

实验区：在此区域中，搭建实验电路，进行实验操作，观测仪表读数等。

器材栏：提供当前实验所要使用的器材。包括器材的图标和相应的描述文字。

属性栏：提供用户在实验区中所选择的器材的属性和对复杂器材的操作说明。

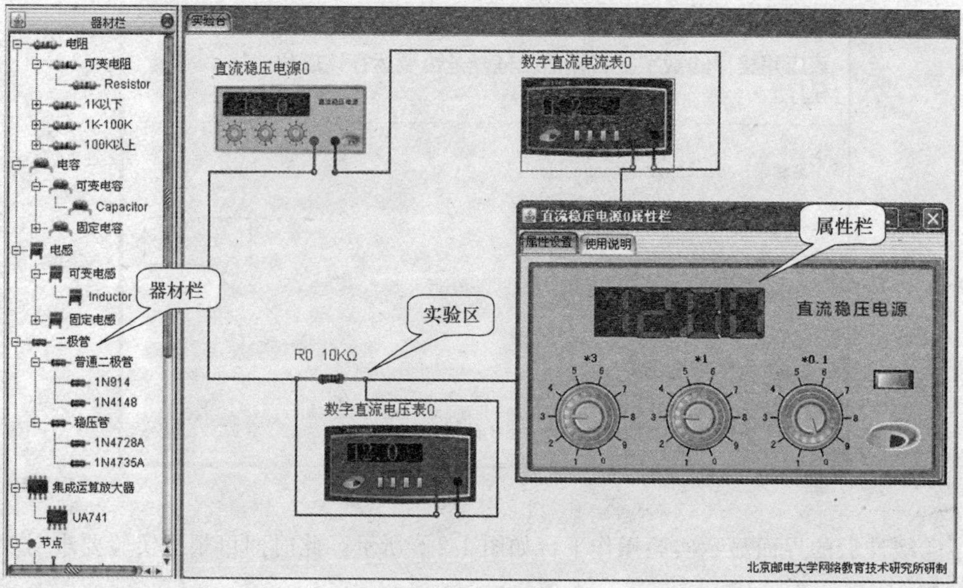

图 1-2-7 整体界面

1.2.2 实验操作

1. 器材栏

(1)概述

①器材栏种类

实验操作平台提供 12 大类、105 种实验器材。

- 电阻:57 种常用阻值的电阻、1 个可自定义阻值的电阻和 1 个滑动变阻器;
- 电容:9 种常用电容值的电容和 1 个可自定义电容值的电容;
- 电感:两种常用电感值的电感和 1 个可自定义电感值的电感;
- 互感:顺串和反串互感、同位四端互感、异位四端互感;
- 二极管:6 种一般二极管和两种稳压管;
- 线性变压器:TS_PQ4_10;
- 桥堆:1B4B42;
- 三相电源:星形、三角形三相电源;
- 仪器仪表:数字直流电流表、数字直流电压表、数字交流电流表、数字交流电压表、万用表、信号发生器、示波器、直流稳压电源、功率计;
- 集成运算放大器:μA741、OP37AJ、741;
- 开关:单刀单掷开关、单刀双掷开关;
- 其他:电灯、日光灯、镇流器。

②器材实物栏

器材实物栏显示各类器材实物及符号,呈树状。单击器材树的节点处,可以打开或收起各类器材列表。

(2)器材栏操作

在实验操作平台任意位置单击鼠标右键,弹出如图 1-2-8 所示的菜单,单击“显示器材栏”,弹出器材栏,如图 1-2-9 所示。从器材栏中可以选择实验所需要的器材。

当器材栏处于显示状态下,在实验操作平台任意位置单击鼠标右键,弹出如图 1-2-10 所示的菜单,单击“关闭器材栏”,器材栏将被隐藏。

图 1-2-8　显示器材栏

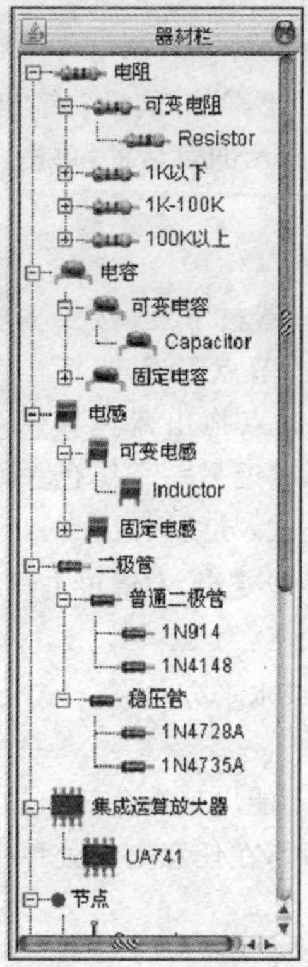

图 1-2-9　器材栏

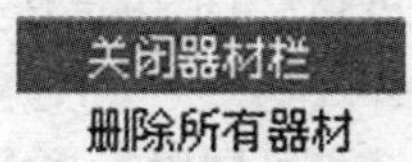

图 1-2-10　关闭器材栏

2. 实验台

(1)器材操作

①添加器材

选择器材栏的某个器材并单击鼠标左键,然后将光标移到实验台的合适位置(这期间可以放开鼠标左键),再单击左键,这时,系统会自动在该器材实物的四周加上红框,表示该器材的有效操作区域,现在的所有操作都是针对它进行的。于是,所选器材实物将被添加到实验台上。

②移动器材

实验器材添加到实验台上后,可以自由移动器材的位置。选中器材后,单击左键并拖动,器材随光标在实验台内任意移动,直到位置满意为止,放开左键,器材在新位置上显示出来。

③删除器材

选择实验台中的器材,单击右键会出现如图 1-2-11 所示的菜单。菜单中包含“关闭器材栏”、“删除器材”、“属性”三项功能。单击“删除器材”,出现如图 1-2-12 所示的对话框,单击“确定”按钮即可完成删除该器材的操作。

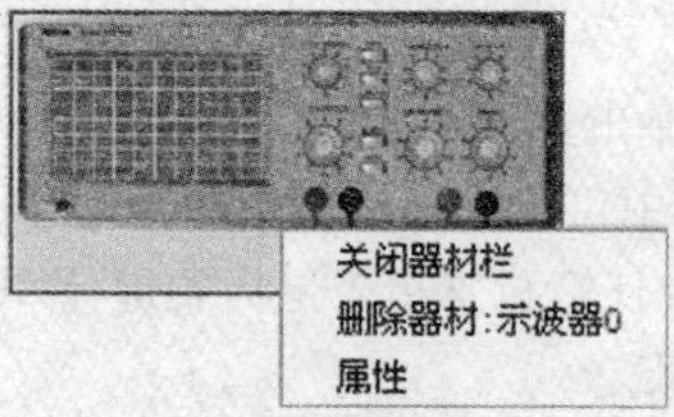

图 1-2-11　右键菜单

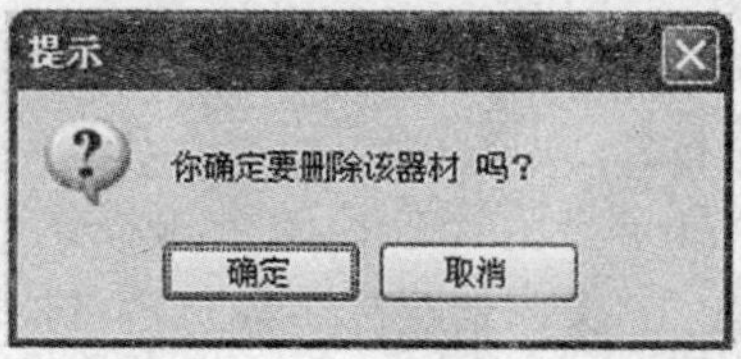

图 1-2-12　删除器材

也可将鼠标移到实验台的空白处，单击鼠标右键出现如图 1-2-10 所示的菜单，单击“删除所有器材”，出现如图 1-2-13 所示的对话框，单击“确定”按钮，可将平台上的全部器材删除。

(2)器材连线

实验区的器材均有器材节点。器材节点(接线处)用黑色圆环表示。当光标在某一节点附近，光标变成小手形状，此时单击左键，从此点拖出蓝色导线。导线随光标位置移动，当光标靠近另一个黑色圆环时，在圆环处单击左键，完成连线，导线固定。

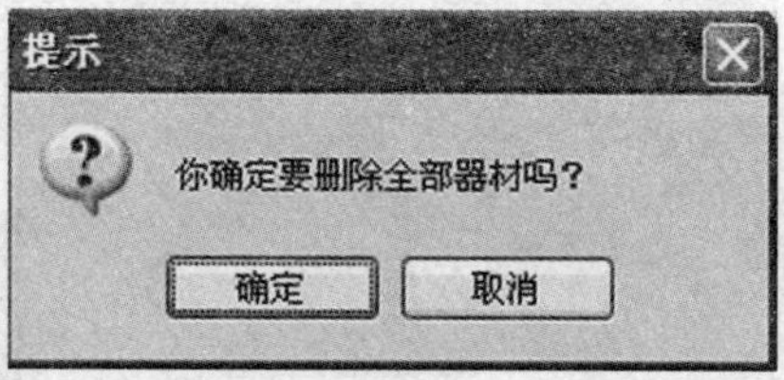

图 1-2-13　删除全部器材

导线的删除:单击某一导线，导线变粗，右键单击导线，弹出菜单选择“删除导线”。

导线没有属性栏。导线特性如下:

①导线为直线，且只能为竖直或水平方向。

②两条导线可交叉，互不影响。

③两条导线除节点可相同外，不能出现重合部分。

④导线可拐弯，拖出待连导线后，在任意空白处单击左键，可作为固定的拐点。单击右键表示放弃连线。

⑤同一节点可同时连接多根导线。

3. 属性栏

(1)概述

每一器材的属性栏均由“属性设置”和“使用说明”两部分组成，单击可以显示相应的内容。

利用“属性设置”选项卡可实现对数字直流电流表、数字直流电压表、万用表、信号发生器、示波器五种器材的按钮、按键等的操作，对电阻、电容、电感等器材进行参数和名称设置。

“使用说明”选项卡用文字介绍该器材的使用方法和注意事项。

(2)属性栏操作

①属性栏的显示

a. 器材栏中的全部器材都有对应的属性栏。导线没有属性栏。

b. 通过在器材上单击右键选择“属性”，可以显示属性栏。

c. 所有器材的属性栏可以同时显示。

②属性栏的移动和关闭

a. 移动属性栏

将光标移动到属性栏的最上方标题栏处，左键单击后拖动，放开左键，属性栏移动到当前虚线框停留的位置。

b. 关闭属性栏

单击属性栏的“确定”按钮或者“关闭”按钮就可关闭属性栏。

③属性栏具体操作

a. 属性设置

在属性栏中的“属性设置”选项卡中，可以对当前器材的属性进行设置。

b. 使用说明

在属性栏中选择“使用说明”选项卡，在这里可以对当前器材的功能进行解释说明。

c. 各器材具体属性

• 普通电阻

可进行相应的属性设置以及查看使用说明。

通过“属性设置”选项卡可对电阻的“器材名称”和“电阻值”两个可变参数进行设置（见图 1-2-14）。

器材名称：默认名字为“Rn”，n=0，1，2，3…

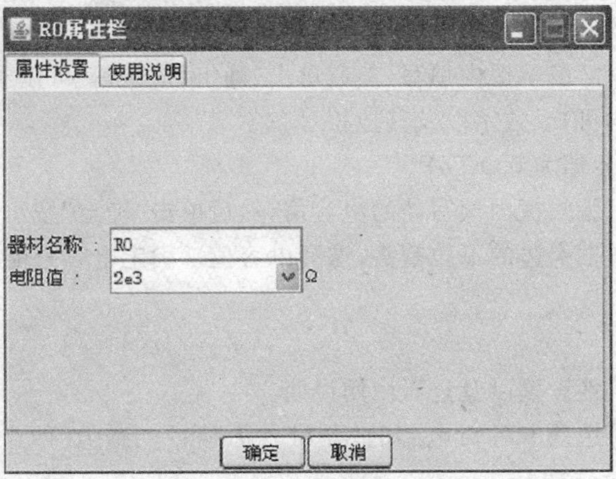

图 1-2-14　R0 属性栏

在向实验区放置一个新的电阻时，系统默认它的名称中的 n 的取值为：当前实验台上的电阻个数减 1。如实验台上已有 3 个电阻，新放置的第 4 个电阻的名称将自动设置为“R3”。

直接在“器材名称”编辑框内填写，然后单击“确定”按钮，就可以给电阻改名。可输入中文、英文（大小写均可）或数字以及其他符号。

电阻值：默认电阻值为 2 000 Ω。

直接在“电阻值”编辑框内填写新的电阻值，然后单击“确定”按钮，就可以改变该电阻的阻值。也可以单击编辑框旁边的下拉箭头，选择电阻值。固定电阻只能改变“器材名称”，不能改变“电阻值”。

• 电容

可进行相应的属性设置以及查看使用说明。

通过“属性设置”选项卡可对电容的“器材名称”和“电容值”两个可变参数进行设置（见图 1-2-15）。

器材名称：默认名字为“Cn”，n=0,1,2,3…

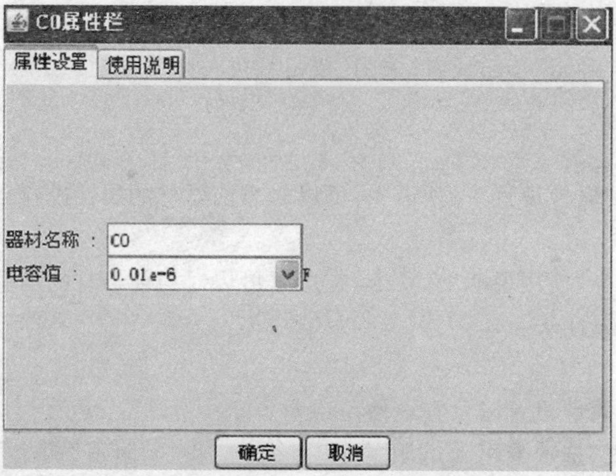

图 1-2-15　C0 属性栏

在向实验区放置一个新的电容时，系统默认它的名称中的 n 的取值为：当前实验台上的电容个数减 1。如实验台上已有 3 个电容，新放置的第 4 个电容的名称将自动设置为“C3”。

直接在“器材名称”编辑框内填写，然后单击“确定”按钮，就可以给电容改名。可输入中文、英文(大小写均可)或数字以及其他符号。

电容值：默认电容值为 0.01 μF。

直接在“电容值”编辑框内填写新的电容值，然后单击“确定”按钮，就可以改变该电容值。也可以单击编辑框旁边的下拉箭头，选择电容值。固定电容只能改变“器材名称”，不能改变“电容值”。

• 电感

可进行相应的属性设置以及查看使用说明。

通过“属性设置”选项卡可对电感的“器材名称”和“电感值”两个可变参数进行设置(见图 1-2-16)。

器材名称：默认名字为“Ln”，n=0,1,2,3…

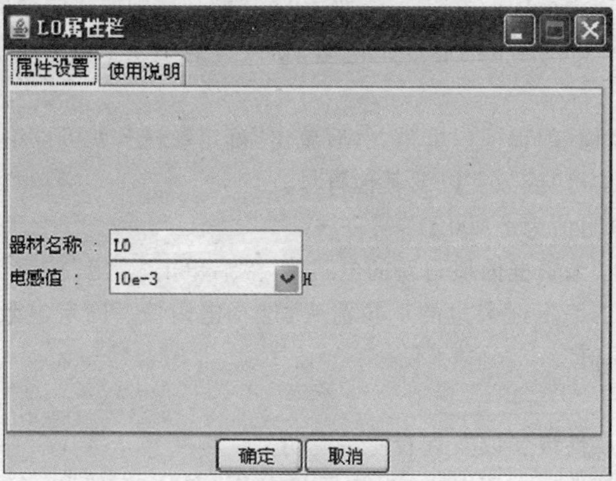

图 1-2-16　L0 属性栏

在向实验区放置一个新的电感时，系统默认它的名称中的 n 的取值为：当前实验台上的电感个数减 1。如实验台上已有 3 个电感，新放置的第 4 个电感的名称将自动设置为“L3”。

直接在“器材名称”编辑框内填写，然后单击“确定”按钮，就可以给电感改名。可输入中文、英文（大小写均可）或数字以及其他符号。

电感值：默认电感值为 10 mH。

直接在“电感值”编辑框内填写新的电感值，然后单击“确定”按钮，就可以改变该电感值。也可以单击编辑框旁边的下拉箭头，选择电感值。固定电感只能改变“器材名称”，不能改变“电感值”。

• 直流稳压电源

可进行相应的属性设置以及查看使用说明（见图 1-2-17）。

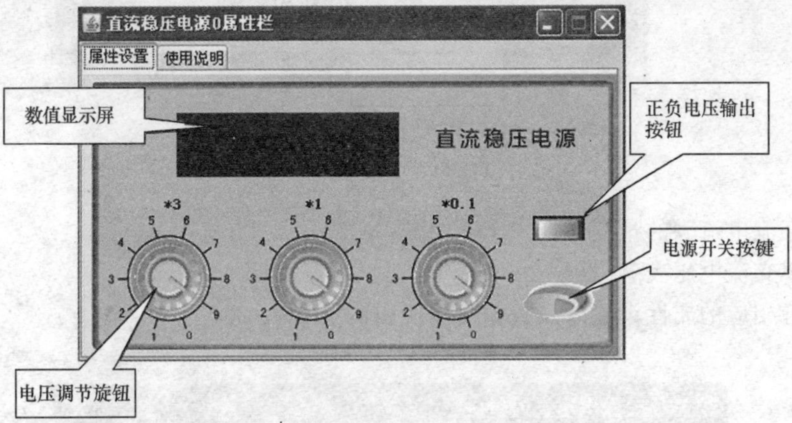

图 1-2-17　直流稳压电源属性栏

直流稳压电源输出电压－36.9～＋36.9 V，显示屏可显示电压调节值。

正负电压输出按钮，当按钮弹起时输出正电压，按下时则输出负电压。

• 数字直流电压表

可进行相应的属性设置以及查看使用说明（见图 1-2-18）。

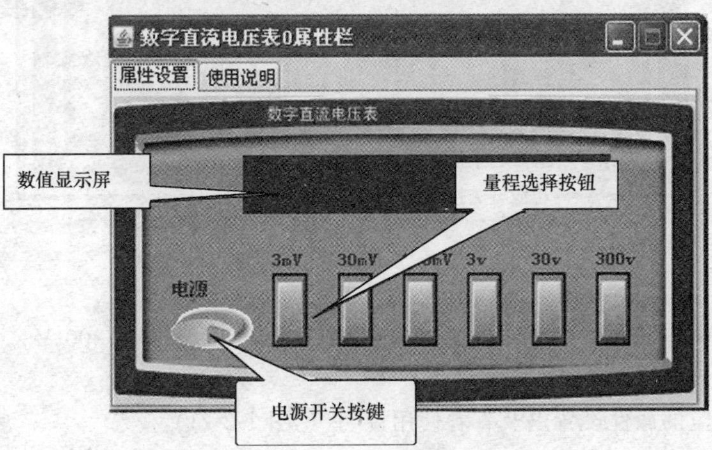

图 1-2-18　数字直流电压表属性栏

数字直流电压表的量程为:3 mV、30 mV、300 mV、3 V、30 V、300 V。

• 数字直流电流表

可进行相应的属性设置以及查看使用说明(见图 1-2-19)。

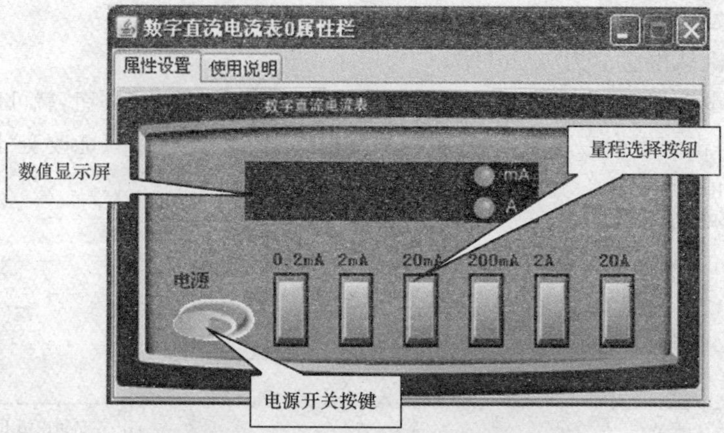

图 1-2-19 数字直流电流表属性栏

数字直流电流表的量程为:0.2 mA、2 mA、20 mA、200 mA、2 A、20 A。

• 数字交流电压表

可进行相应的属性设置以及查看使用说明(见图 1-2-20)。

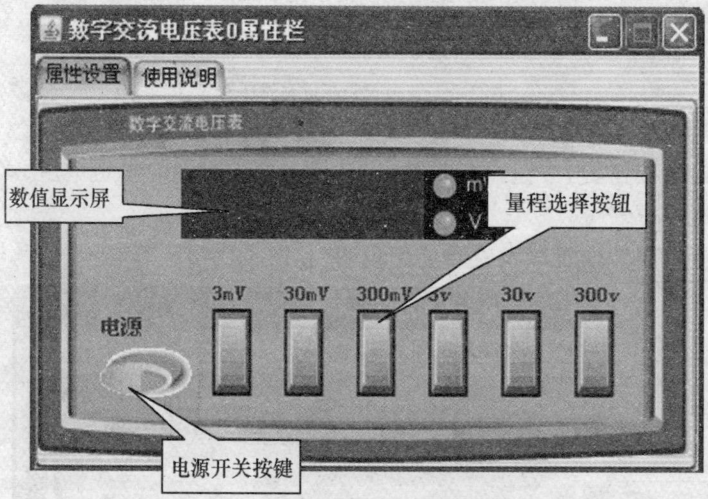

图 1-2-20 数字交流电压表属性栏

数字交流电压表的量程为:3 mV、30 mV、300 mV、3 V、30 V、300 V。

• 数字交流电流表

可进行相应的属性设置以及查看使用说明(见图 1-2-21)。

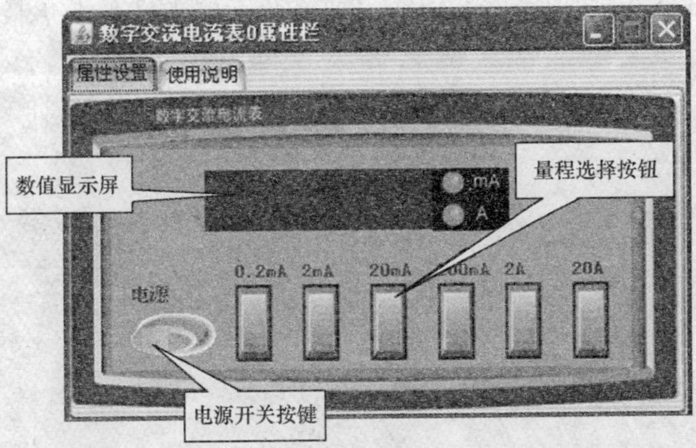

图 1-2-21　数字交流电流表属性栏

数字交流电流表的量程为:0.2 mA、2 mA、20 mA、200 mA、2 A、20 A。

• 万用表

可进行相应的属性设置以及查看使用说明(见图 1-2-22)。

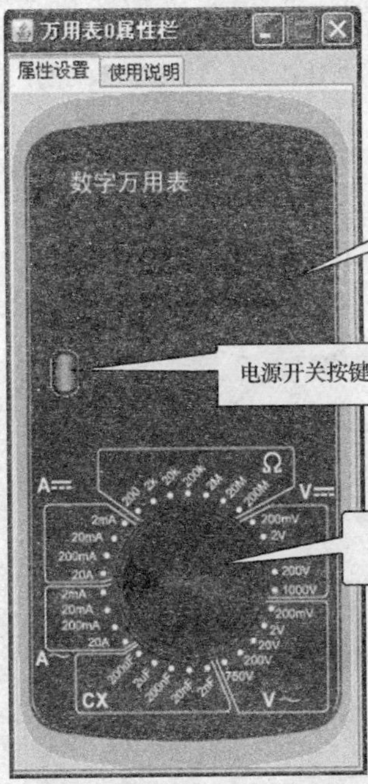

图 1-2-22　万用表属性栏

直流电压有 5 个量程,分别为 200 mV、2 V、20 V、200 V、1 000 V;交流电压有 5 个量程,分别为 200 mV、2 V、20 V、200 V、750 V;直流电流有 4 个量程,分别为 2 mA、20 mA、200 mA、20 A;交流电流有 4 个量程,分别为 2 mA、20 mA、200 mA、20 A;电阻有 7 个量程,分别为 200 Ω、2 kΩ、20 kΩ、200 kΩ、2 MΩ、20 MΩ、200 MΩ;电容有 5 个量程,分别为 200 μF、2 μF、200 nF、20 nF、2 nF。

• 信号发生器

可进行相应的属性设置以及查看使用说明(见图 1-2-23)。

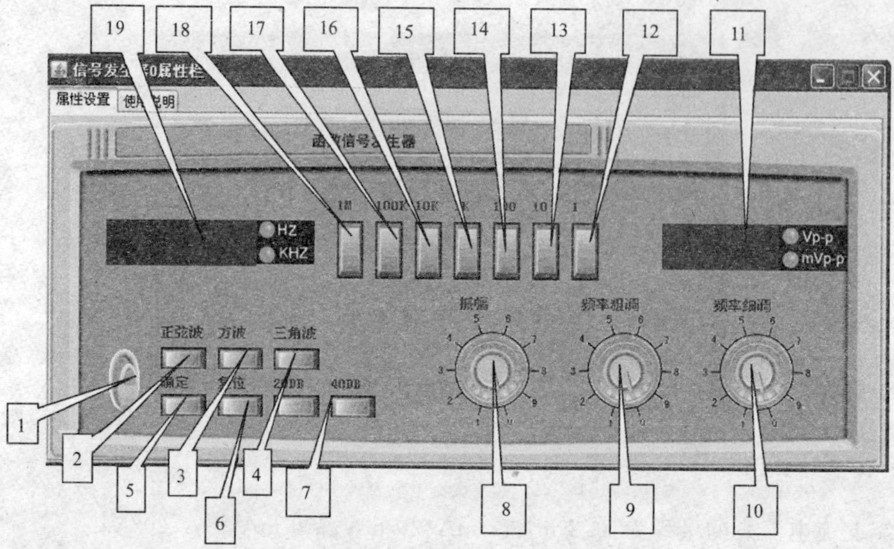

图 1-2-23　信号发生器属性栏

1—电源开关按键；2—波形选择按键：正弦波；3—波形选择按键：方波；4—波形选择按键：三角波；5—确定按键；6—复位按键；7—振幅衰减按键（两个）；8—振幅调节旋钮；9—频率粗调旋钮；10—频率细调旋钮；11—振幅数值显示屏；12—频率单位选择按键：1 Hz；13—频率单位选择按键：10 Hz；14—频率单位选择按键：100 Hz；15—频率单位选择按键：1 kHz；16—频率单位选择按键：10 kHz；17—频率单位选择按键：100 kHz；18—频率单位选择按键：1 MHz；19—频率数值显示屏

• 示波器

可进行相应的属性设置以及查看使用说明（见图 1-2-24）。

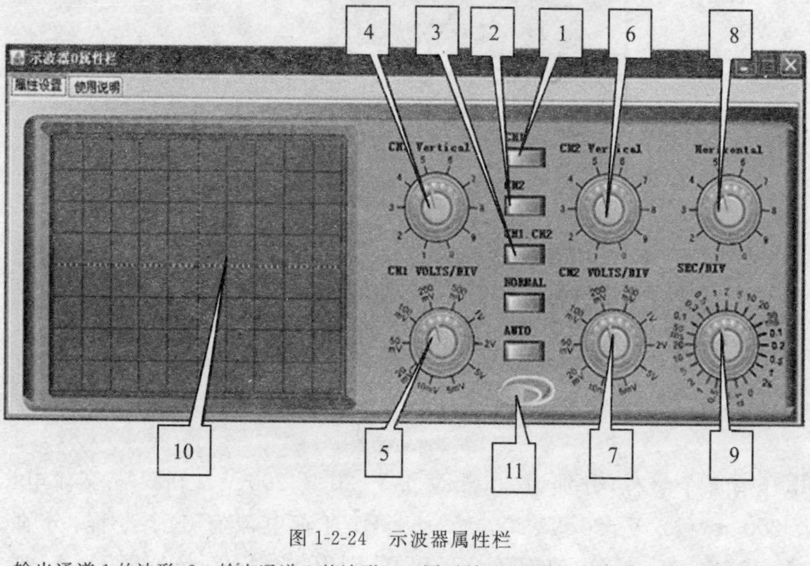

图 1-2-24　示波器属性栏

1—输出通道 1 的波形；2—输出通道 2 的波形；3—同时输出通道 1 和通道 2 的波形；4—通道 1 纵轴位置调节旋钮；5—通道 1 纵轴增益调节旋钮（刻度值可在面板图上直接读出）；6—通道 2 纵轴位置调节旋钮；7—通道 2 纵轴增益调节旋钮（刻度值可在面板图上直接读出）；8—横轴位置调节旋钮；9—横轴增益调节旋钮（刻度值可在面板图上直接读出）；10—波形显示屏；11—电源开关按键

• 泰克示波器 TDS1012

泰克示波器显示面板如图 1-2-25 所示，泰克示波器显示屏如图 1-2-26 所示。

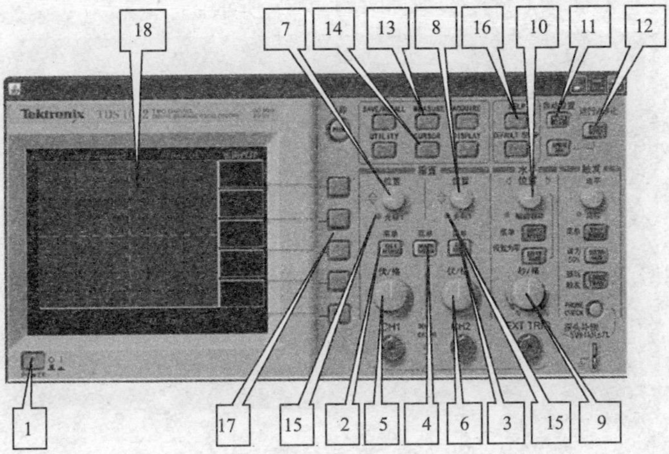

图 1-2-25　泰克示波器显示面板

1—电源开关按键；2—CH_1 通道开关(显示垂直菜单选项并且打开或关闭 CH_1 通道波形显示)；3—CH_2 通道开关(显示垂直菜单选项并且打开或关闭 CH_2 通道波形显示)；4—MATH 通道开关(显示波形的数学运算并且可用于打开和关闭数学波形)；5—伏/格(CH_1 路波形垂直方向选择标定的刻度系数，顺时针旋转刻度值变大，逆时针旋转刻度值变小)；6—伏/格(CH_2 路波形垂直方向选择标定的刻度系数，顺时针旋转刻度值变大，逆时针旋转刻度值变小)；7—垂直位置调节(CH_1 垂直位置及光标 1 位置调节，可垂直定位波形。显示和使用光标时，LED 变亮以指示移动光标时，按钮的可选功能)；8—垂直位置调节(CH_2 垂直位置及光标 2 位置调节，可垂直定位波形。显示和使用光标时，LED 变亮以指示移动光标时，按钮的可选功能)；9—秒/格(为主时基或窗口时基选择水平的时间/格(刻度系数)。如"窗口区"被激活，通过更改窗口的时基可以改变窗口宽度)；10—水平位置调节(调整所有通道和数字波形的水平位置。这一控制分辨率随时基设置的不同而改变)；11—自动设置(自动设置示波器控制状态，以产生适用于输出信号的显示图形)；12—运行/停止(连续采集波形或停止采集)；13—测量(显示自动测量菜单)；14—光标(当显示"光标"菜单并且光标被激活时，"垂直位置"控制方式可以调整光标的位置。离开"光标"菜单后，光标保持显示——除非"类型"选项设置为"关闭"，但不可调整)；15—光标指示灯；16—帮助(显示"帮助"页面)；17—功能按钮区域；18—波形显示屏

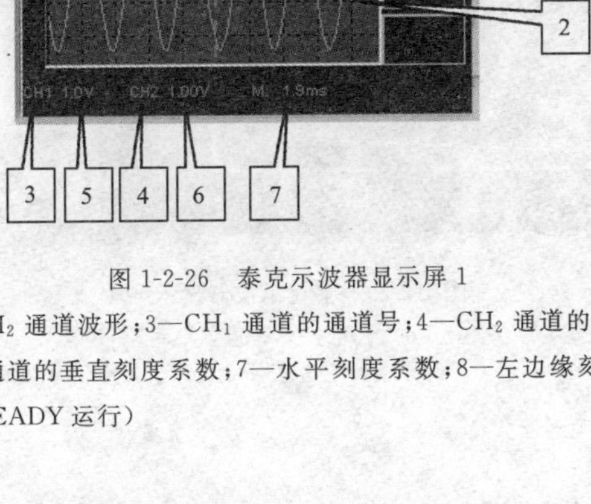

图 1-2-26　泰克示波器显示屏 1

1—CH_1 通道波形；2—CH_2 通道波形；3—CH_1 通道的通道号；4—CH_2 通道的通道号；5—CH_1 通道的垂直刻度系数；6—CH_2 通道的垂直刻度系数；7—水平刻度系数；8—左边缘刻度线的时间；9—运行/停止指示(STOP 停止，READY 运行)

按下垂直控制中的 MATH MENU 按钮，显示功能区域将显示：操作＋或－。

显示“＋”时：有 CH_1+CH_2 选项，如图 1-2-27 所示。

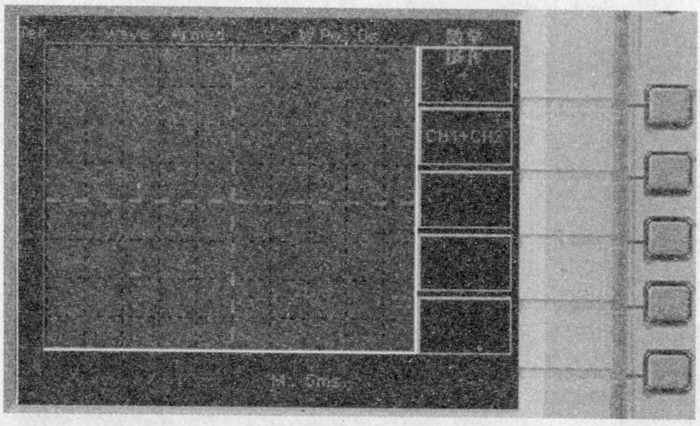

图 1-2-27　泰克示波器显示屏 2

显示“—”时：有 CH_1-CH_2、CH_2-CH_1 选项，如图 1-2-28 所示。

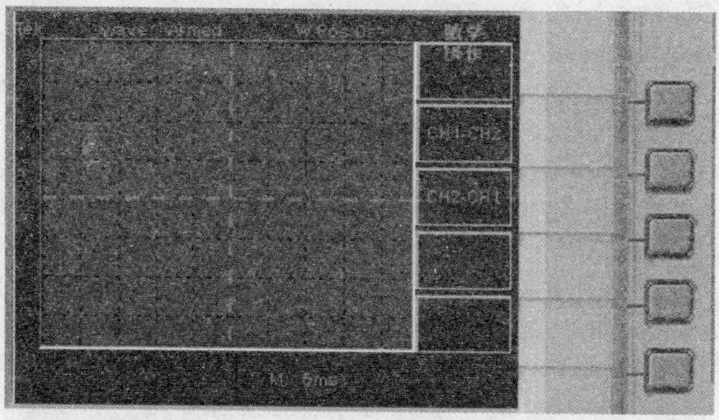

图 1-2-28　泰克示波器显示屏 3

按下 MEASURE 按钮，显示功能区域将显示测量菜单，如图 1-2-29、图 1-2-30 所示。通过功能按钮选择所要测量的数据。

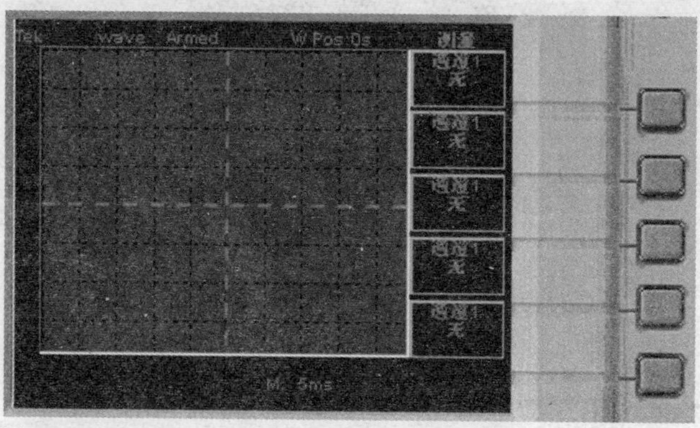

图 1-2-29　泰克示波器显示屏 4

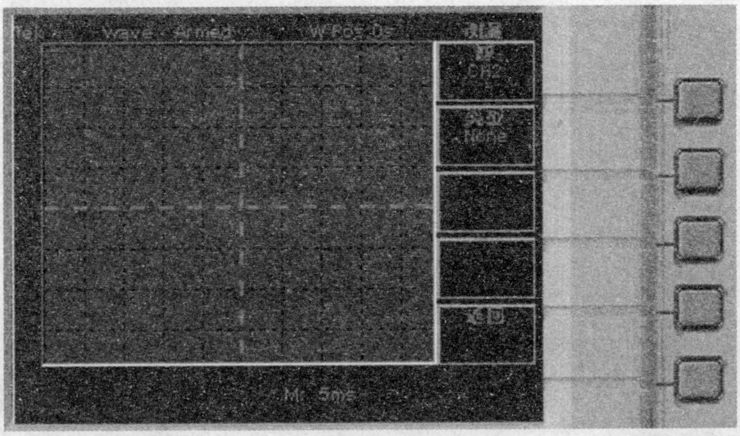

图 1-2-30　泰克示波器显示屏 5

源：CH_1、CH_2。

类型：None、

、

、

、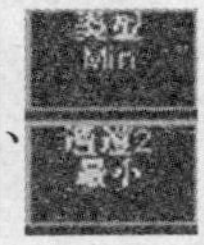

、

、返回。

按下 CURSOR 按钮，显示功能区域将显示光标菜单，如图 1-2-31 所示。

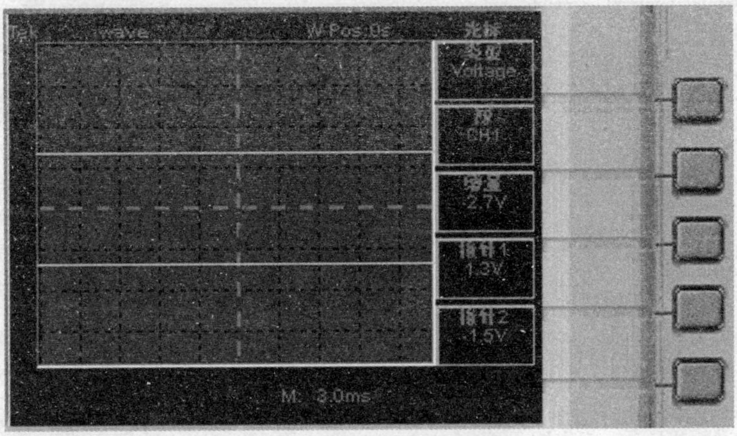

图 1-2-31　泰克示波器显示屏 6

类型：Off、Voltage、Time。

源：CH_1、CH_2、MATH。

当选择 Voltage、Time 类型时，垂直控制区 LED 变亮以指示可以移动光标。

• 岩崎示波器 SS-7802A

岩崎示波器如图 1-2-32～图 1-2-34 所示。

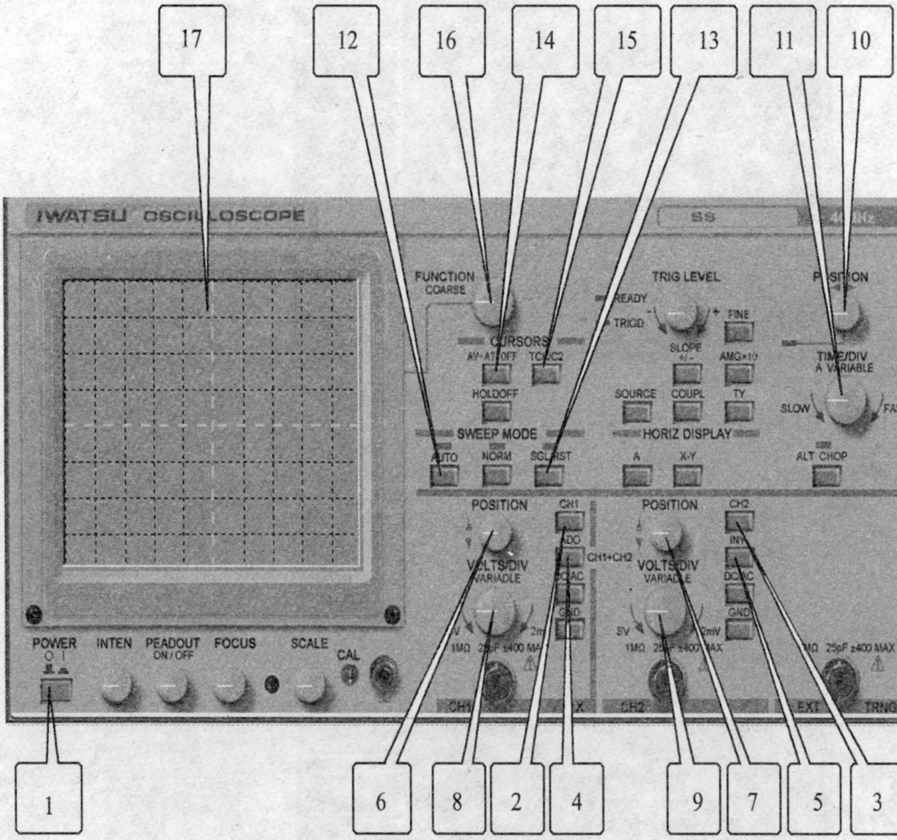

图 1-2-32　岩崎示波器控制面板

1—电源开关按键；2—CH_1 通道开关(打开或关闭 CH_1 通道波形显示)；3—CH_2 通道开关(打开或关闭 CH_2 通道波形显示)；4—ADD[显示两个通道波形之和(CH_1+CH_2)]；5—INV[显示两个通道波形之差(CH_1-CH_2)，必须在 ADD 按下的情况下才起作用]；6—POSITION(CH_1 可垂直定位波形。顺时针旋转，波形向上移动，逆时针旋转，波形向下移动)；7—POSITION(CH_2 可垂直定位波形。顺时针旋转，波形向上移动，逆时针旋转，波形向下移动)；8—VOLTS/DIV(CH_1 路波形垂直方向选择标定的刻度系数，顺时针旋转刻度值变大，逆时针旋转刻度值变小)；9—VOLTS/DIV(CH_2 路波形垂直方向选择标定的刻度系数，顺时针旋转刻度值变大，逆时针旋转刻度值变小)；10—水平位置调节(调整所有通道和数字波形的水平位置)；11—TIME/DIV[为主时基或窗口时基选择水平的时间/格(刻度系数)]；12—AUTO(自动设置示波器控制状态，以产生适用于输出信号的显示图形，按下时 LED 灯亮)；13—SGL/RST(运行/停止，连续采集波形或停止采集，按下时 LED 灯亮)；14—Δt-ΔV-OFF[选择测量对象，选择 ΔV(电压测量)或 Δt(时间测量)]；15—TCK/C2[选择光标，每按一次 TCK/C2，光标及其序号按如下顺序改变：C1(光标 1)→C2(光标 2)→TCK(跟踪)→C1(光标 1)]；16—FUNCTION(调整光标位置)；17—波形显示屏

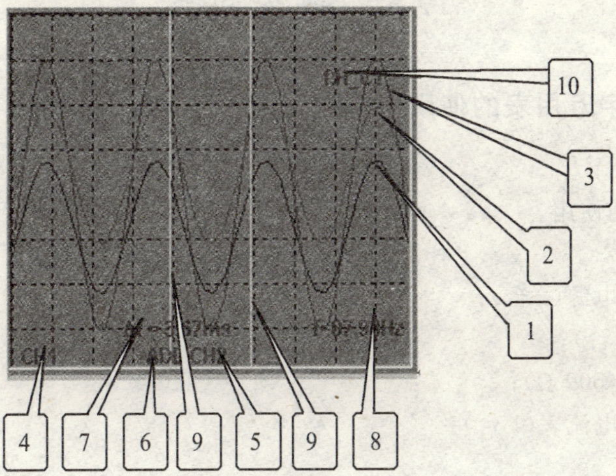

图 1-2-33　岩崎示波器显示面板 1

1—CH_1 通道波形；2—CH_2 通道波形；3—CH_1+CH_2 通道波形；4—CH_1 通道的通道号；5—CH_2 通道的通道号；6—CH_1+CH_2 通道的通道号；7—ΔV 或 Δt 的测量值；8—频率的测量值；9—两条测量标线；10—功能模式

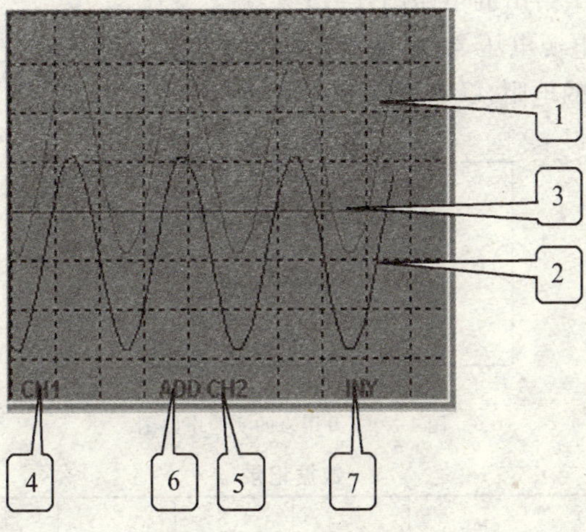

图 1-2-34　岩崎示波器显示面板 2

1—CH_1 通道波形；2—CH_2 通道波形；3—CH_1-CH_2 通道波形；4—CH_1 通道的通道号；5—CH_2 通道的通道号；6—CH_1+CH_2 即 ADD 通道的通道号；7—CH_1-CH_2 即 INY 通道的通道号(由于 INY 是让 CH_2 通道的极性相反，得到 CH_1-CH_2，所以应先按 ADD，再按 INY)

1.3 典型实验

1.3.1 数字万用表的使用

1. 实验目的

学习万用表的使用。

2. 实验器材

(1)直流稳压电源(1台);

(2)万用表(1台);

(3)标准电阻(500 Ω);

(4)数字直流电流表(1台)。

3. 实验内容

(1)学习万用表的使用

要求:观察万用表的面板,回答下列问题。

①万用表测量直流电压、直流电流共有哪些量程?

②找出万用表各接线插孔的位置。

(2)万用表的应用

测定线性电阻的伏安特性。

要求:①按图1-3-1给出的电路图连线;

②改变直流稳压电源电压,将测量数据记录在表1-3-1中。

设定 R 为500 Ω的电阻,U 为直流稳压电源。

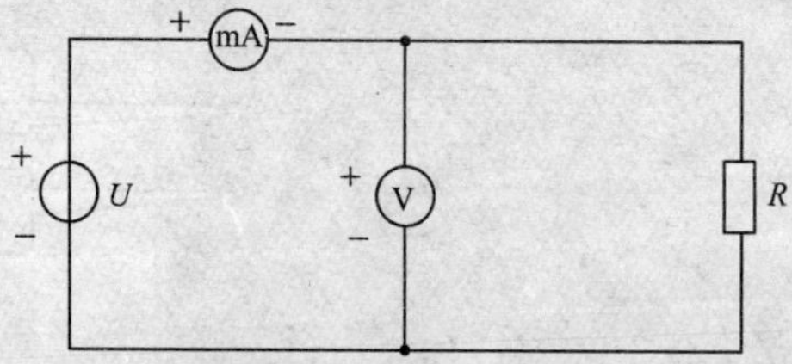

图1-3-1 万用表的实验电路图

表1-3-1 数据记录

输出电压(V)	0	1	1.8	5	12	18
测量电压值(V)						
万用表所用挡位						
测量电流值(mA)						
万用表所用挡位						
计算 R(Ω)						

(3)注意

①测量电流时,如果不知道被测电流范围,需将功能开关置于最大量程并逐渐下降。

②如果只显示“1”,表示过量程,功能开关应置于更高量程。

1.3.2　信号发生器与示波器的使用

1. 实验目的

(1)学习示波器的使用。

(2)掌握示波器的作用和常用开关、按键和旋钮功能。

2. 实验器材

(1)信号发生器(2 台);

(2)示波器(1 台)。

3. 实验内容

(1)周期和频率的测量

要求:信号发生器与示波器的通道 1 相连。使信号发生器输出方波分别为 500 Hz,1 000 Hz和 8 000 Hz(由信号发生器频率显示读出)。用示波器测出被测信号的周期,并将所得到的数据填入表 1-3-2 中。

(2)电压峰-峰值的测量

要求:使信号发生器输出正弦信号,其频率是 1 000 Hz。用示波器测出被测信号的峰-峰值,并将得到的数据填入表 1-3-3 中。

(3)双通道波形

要求:两个信号发生器分别与示波器两通道相连。调节与通道 1 相连的信号发生器输出 1 000 Hz 正弦波,与通道 2 相连的信号发生器输出 500 Hz 正弦波,观察并画出此时双通道波形。调节与通道 2 相连的信号发生器输出 1 000 Hz 正弦波,观察并画出此时双通道波形。

注意:示波器的双路通道在使用时要注意"共地"问题。Y_1、Y_2 两个通道的振幅旋钮要放在相同的刻度。

表 1-3-2　周期和频率的测量数据记录

信号发生器输出频率	500 Hz	1 000 Hz	8 000 Hz
示波器"TIME/DIV"挡位			
一个周期波形水平方向格数			
测得信号周期			
理论计算所得周期			

表 1-3-3　电压峰-峰值的测量数据记录

信号发生器输出电压	1 V	5 V	8 V
示波器"VOLTS/DIV"挡位			
波形垂直方向格数			
测得峰-峰值			
理论计算所得峰-峰值			

1.3.3 伏安特性的测量

1. 实验目的

(1)掌握伏安法测量电阻的方法。

(2)掌握测量独立电源伏安特性的方法,了解电源内阻对伏安特性的影响。

(3)熟悉直流电表的使用。

2. 实验器材

(1)数字电流表;

(2)数字电压表;

(3)标准电阻 2 个,分别为 1 kΩ、2 kΩ;

(4)直流稳压电源(1 台)。

3. 实验内容

线性电阻伏安特性的测量。

按图 1-3-2 所示接线,$R_1=1$ kΩ,$R_2=2$ kΩ,调节直流稳压电源输出电压 U,使电压表读数如表 1-3-4 中数值,测量相应的电流值,并记录于表 1-3-4 中。

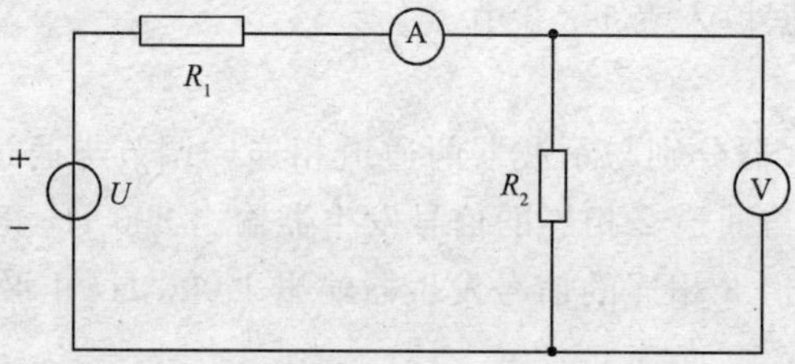

图 1-3-2 伏安特性测量线路图

表 1-3-4 伏安特性的测量记录

U(V)	1	3	6	9	12	15	20
I(mA)							

1.3.4 基尔霍夫定律的验证

1. 实验目的

(1)验证基尔霍夫定律的正确性,加深对基尔霍夫定律的理解。

(2)学会测定电路的开路电压与短路电流,加深对参考方向的理解。

2. 实验器材

(1)直流稳压电源 2 台,分别为 6 V、12 V;

(2)万用表(1 台);

(3)标准电阻 3 个,分别为 100 Ω、100 Ω 和 430 Ω。

3. 实验原理

测量某电路的各支路电流及每个元件两端的电压,应能分别满足基尔霍夫电流定律(KCL)和基尔霍夫电压定律(KVL)。

基尔霍夫电流定律:在电路的任何一个节点上,同一瞬时电流的代数和等于零。

基尔霍夫电压定律:在电路的任何一个回路中,同一方向同一瞬时电压的代数和等于零。

4. 实验内容

按照图 1-3-3 所给的电路图搭建电路。

(1)验证电流定律

用万用表测量 R_1 所在支路电流 I_1,R_2 所在支路电流 I_2,R_L 所在支路电流 I_L。将上述所得数据填入表 1-3-5 中(单位:mA)。(提示:以电流流入方向为正方向)

(2)验证电压定律

用万用表分别测出各支路电压 U_{ab}、U_{bc}、U_{cd}、U_{da}。注意电压表正负接线。记录数值,填入表 1-3-6 中(单位:V)。(提示:以顺时针方向为回路参考正方向)

注意:测量各支路电流或测量电压降时,应注意仪表的极性,正确判断测得值的正负号后,记入数据表格。

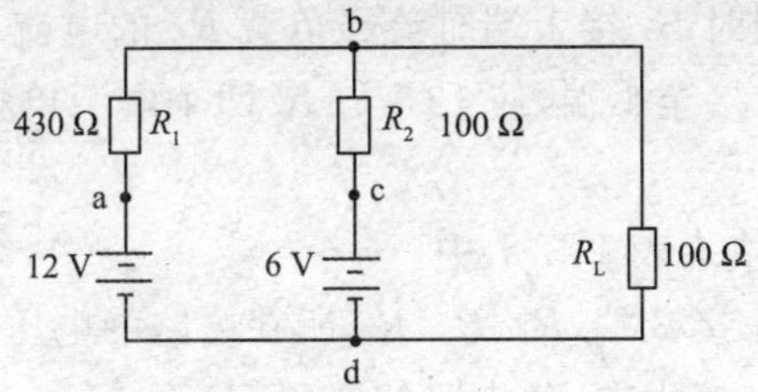

图 1-3-3　基尔霍夫定律的验证电路图

5. 实验总结

(1)学生进行电路的搭建,仪表连接、读数。

(2)本实验着重电流表、电压表的使用。注意正负极接线和量程的选择。

(3)要求学生学会计算相对误差,并分析实验中误差来源。

6. 实验讨论

(1)实验结果见表 1-3-5、表 1-3-6。

表 1-3-5　验证电流定律数据记录

I_1	I_2	I_L	$\sum I$

表 1-3-6　验证电压定律数据记录

U_{ab}	U_{bc}	U_{cd}	U_{da}	$\sum U$

(2)计算被测电流的相对误差,分析误差产生原因。

(3)用表 1-3-5 和表 1-3-6 中实验测得数据验证基尔霍夫定律。

1.3.5　叠加原理的验证

1. 实验目的

(1)用实验方法验证叠加原理的正确性。

(2)加深对叠加原理的内容和适用范围的理解。

(3)学习复杂电路的连接方法,进一步熟悉直流电流表的使用。

2. 实验器材

(1)直流稳压电源 2 台,分别为 6 V、12 V;

(2)万用表;

(3)转换开关(2 个);

(4)标准电阻 3 个,分别为 100 Ω、180 Ω 和 430 Ω。

3. 实验原理

叠加原理是指在含有多个有源元件(理想电压源或理想电流源)的线性电路中,任一支路上的电压和电流等于电路中各个有源元件分别单独作用时所产生的支路电压和电流的代数和。

4. 实验内容

按照所给的电路图 1-3-4 搭建电路。

(1)测出 S_1 接 1 端,同时 S_2 接 1 端时流经负载 R_L 的电流 I_L。

(2)分别将开关 S_1、S_2 接至 1 端,使 12 V、6 V 两个电源单独作用,分别测出负载电流 I_{L1} 和 I_{L2}。

将上述两步所测数据填入表 1-3-7 中。

(3)测出 S_1 接 1 端,S_2 接 2 端,R_1、R_2、R_L 所在支路的电压 U_1、U_2、U_L。

(4)测出 S_1 接 2 端,S_2 接 1 端,各支路的电压 U_1、U_2、U_L。

(5)测出 S_1 接 1 端,S_2 接 1 端,各支路的电压 U_1、U_2、U_L。

将上述 3 组所测数据分别填入表 1-3-8 中。

注意:各电压、电流的参考方向,正确记录测量值的正负号。

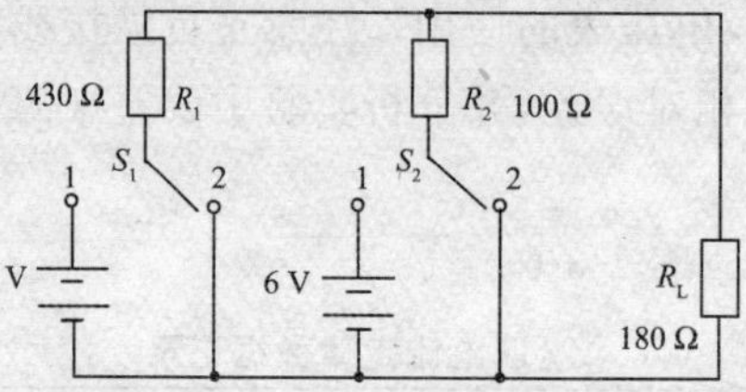

图 1-3-4 叠加原理的验证电路图

5. 实验结论

(1)实验数据见表 1-3-7、表 1-3-8。

表 1-3-7 验证叠加原理数据记录 1

I_L	I_{L1}	I_{L2}	$I_{L1}+I_{L2}$

表 1-3-8 验证叠加原理数据记录 2

电压值	U_1	U_2	U_L
第一组			
第二组			
第三组			

(2)总结实验结论,验证叠加原理的正确性。

1.3.6　线性网络几个定理的验证

1. 实验目的

(1)掌握有源线性二端口网络等效参数的测量方法。

(2)加深对齐性定理和互易定理的理解。

2. 实验器材

(1)电阻;

(2)直流稳压电源(1 台);

(3)数字电流表(1 台);

(4)数字电压表(1 台);

(5)电流表插孔板。

3. 实验原理

(1)齐性定理

在线性电路中,当所有激励(电压源和电流源)同时增大或缩小 k 倍,则支路电流和电压也将同样增大或减小 k 倍。

(2)互易定理

线性网络中,在只有一个恒压源(或恒流源)的条件下,此恒压源(或恒流源)作用在 A 支路时在另一支路 B 中产生的电流(或电压),应当等于该恒压源(或恒流源)移到 B 支路作用时在 A 支路上产生的电流(或电压)。

4. 实验内容

(1)验证齐性定理

按图 1-3-5 连接电路,按表 1-3-9 改变电压 U_S 的大小,测出 I_1 填入表 1-3-9 中。分析 U_S 和 I_1 的变化趋势,验证齐性定理。

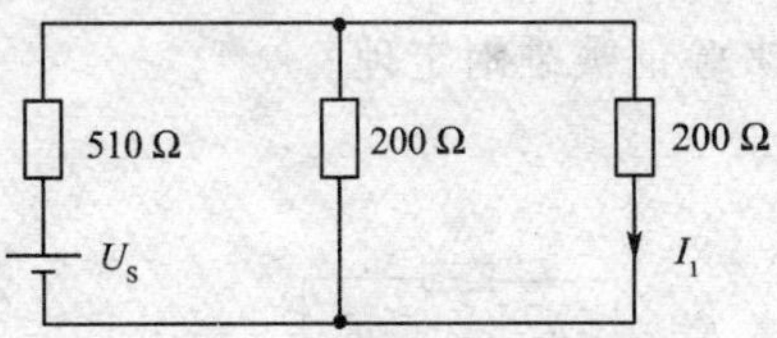

图 1-3-5　齐性定理的验证电路图

表 1-3-9　验证齐性定理数据记录

U_S(V)	5	10	20	40
I_1(mA)				

(2)验证互易定理

改接电路,按图 1-3-6 连接电路,仍按表 1-3-9 改变电压 U_S 的大小,测出 I_2 填入表 1-3-10 中。比较 I_1 和 I_2,验证互易定理。

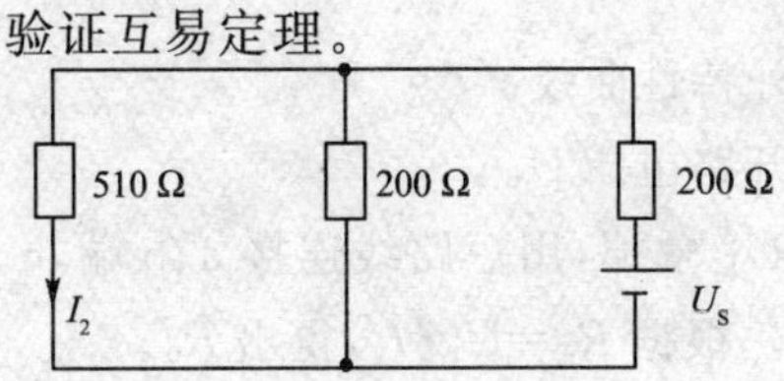

图 1-3-6　互易定理的验证电路图

表 1-3-10　验证互易定理数据记录

U_S(V)		5	10	20	40
I_1(mA)					
I_2(mA)	理论值				
	测量值				

1.3.7　戴维南定理的验证和应用

1. 实验目的

(1)学会用实验方法验证戴维南定理。

(2)理解有源线性二端口网络的开路电压及等效电阻。

(3)掌握测量内阻的一些方法,并加以比较。

2. 实验器材

(1)直流电压源 2 台,分别为 10 V、15 V;

(2)直流电流表;

(3)万用表;

(4)变阻箱(2 个);

(5)标准电阻(5 个):$R_1=1\ \text{k}\Omega$,$R_2=R_3=R_4=620\ \Omega$,$R_5=1.2\ \text{k}\Omega$。

3. 实验原理

戴维南定理是指对外电路来说,任何一个含有独立电源和线性电阻的二端网络,都可以用一个理想电压源和电阻的串联组合来等效置换。等效电路中电压源的电压等于二端网络的开路电压,电阻等于二端网络除源后的等效电阻。

4. 实验内容

用有源线性二端口网络来验证戴维南定理。

(1)按图 1-3-7 接线。

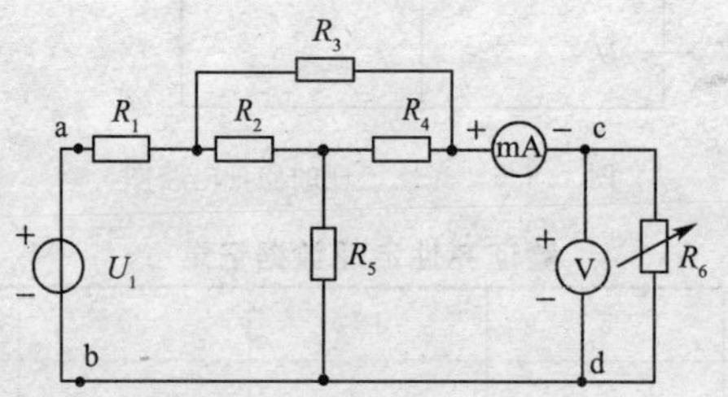

图 1-3-7　戴维南定理电路图

(2)调节 R_6,使其阻值分别为 100 Ω,500 Ω,1 kΩ,5 kΩ,10 kΩ,测出相应的 U_{cd} 和电流 I。

(3)根据所得数值,画出外特性曲线。

(4)拿掉 R_6 测量 c、d 间开路电压 U_K。

(5)如图 1-3-8 所示,将 U_1 拿掉,用短路线连接 a、b 端,c、d 端加电压 $U_2=10$ V,测得电流 I_2(注意电流表反接)。根据 $R_0=U_2/I_2$,得出 R_0。

(6)再按图 1-3-9 接线。

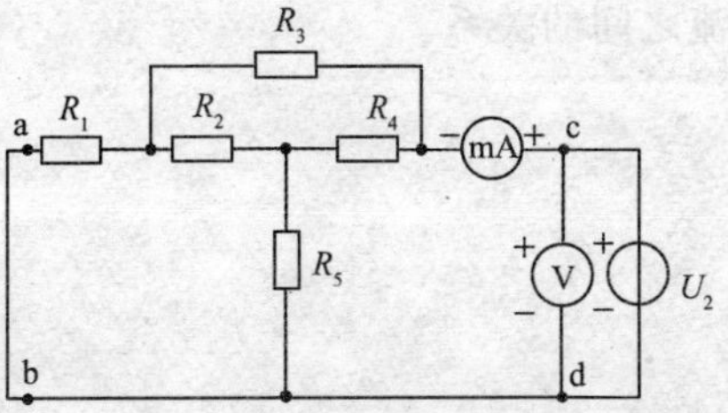

图 1-3-8　戴维南定理电路改进图

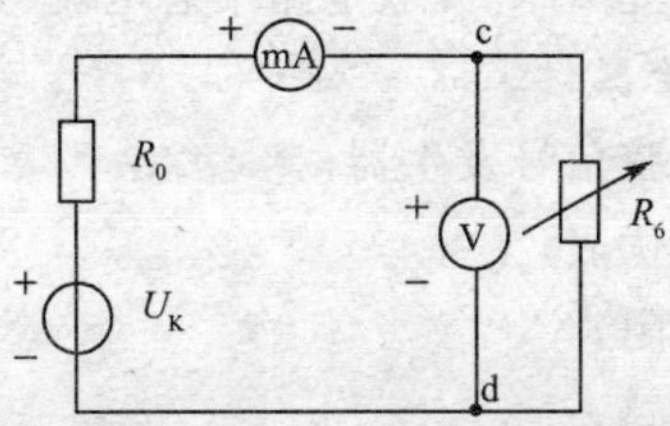

图 1-3-9　戴维南定理等效电路图

(7)改变电阻 R_6 为 100 Ω,500 Ω,1 kΩ,5 kΩ,10 kΩ,测出相应的 U'_{cd} 和电流 I'。

(8)画出 U'_{cd} 和电流 I' 外特性曲线,与 U_{cd} 和电流 I 进行比较。

1.3.8　谐振电路的研究

1. 实验目的

(1)加深理解谐振电路谐振时的特性,Q 值的物理意义和测试方法。

(2)熟悉测量电路频率特性的方法。

2. 实验器材

(1)示波器(1 台);

(2)函数信号发生器(1 台);

(3)标准电阻若干;

(4)电容;

(5)电感。

3. 实验内容

(1)串联谐振

如图 1-3-10 连接电路,调节信号发生器,使 R_1 两端的电压达到最大值,测出谐振频率,然后测量电感、电容两端电压,求得 Q 值。

(2)并联谐振

如图 1-3-11 连接电路,调节信号发生器,使 a、b 两端的电压达到最大值,测出谐振频率,然后求 Q 值。

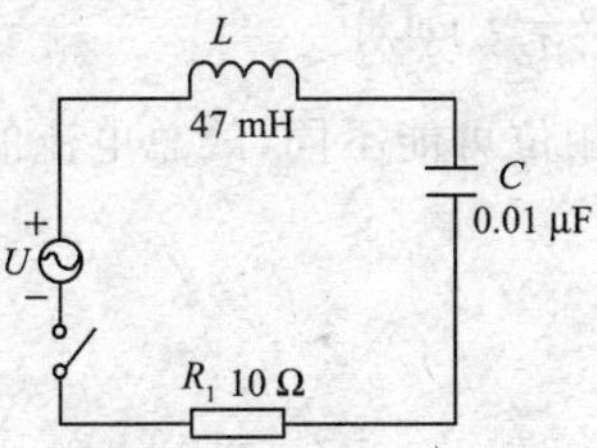

图 1-3-10　串联谐振电路图

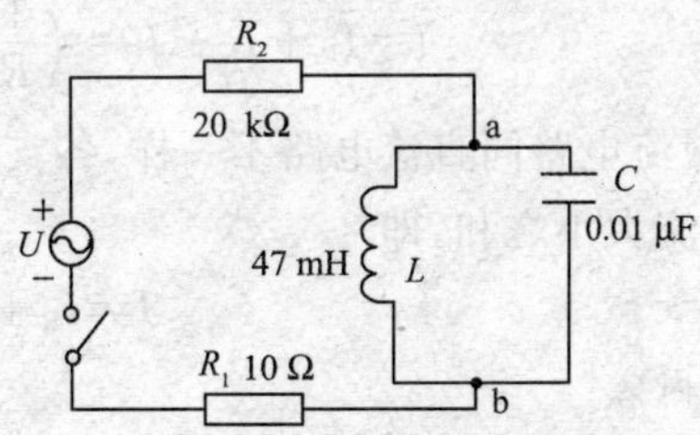

图 1-3-11　串联谐振电路图

1.3.9　正弦交流电路中 *RLC* 元件的性能

1. 实验目的

(1)研究 *RLC* 元件在正弦交流电路中的基本特性。

(2)研究 RLC 并联电路中总电流与分电流之间的关系。

2. 实验器材

(1)正弦信号发生器;

(2)毫伏表;

(3)电阻;

(4)电感;

(5)电容。

3. 实验原理

(1)RLC 元件的伏安关系

①电阻元件

$$U_R = RI_R \tag{1-3-1}$$

电压、电流的幅值关系符合欧姆定律,且二者相位相同。

②电感元件

$$U_L = j\omega L I_L \tag{1-3-2}$$

上式说明电感元件两端电压和流经电流的相位关系:电压相位超前电流 90°角。

③电容元件

$$I_C = j\omega C U_C \tag{1-3-3}$$

上式说明电容元件上电压和电流的相位关系:电流相位超前电压 90°角。

(2)RLC 并联电路中电流的关系

RLC 并联电路如图 1-3-12 所示。

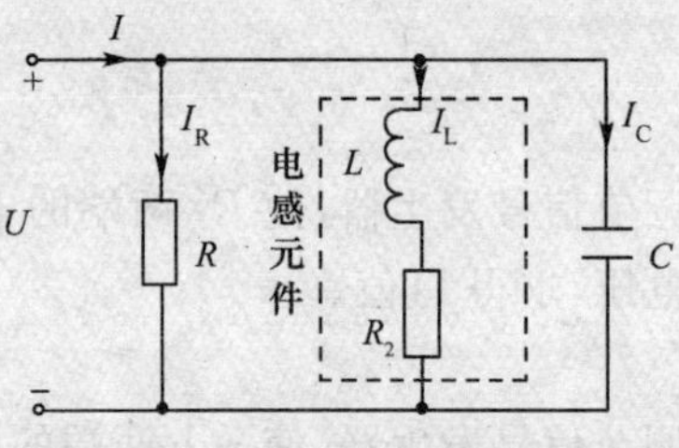

图 1-3-12 RLC 并联电路图

根据基尔霍夫电流定律得

$$I = I_R + I_L + I_C = \left(\frac{1}{R} + \frac{1}{R_2 + j\omega L} + j\omega C\right)U \tag{1-3-4}$$

注意:交流电路同直流电路不一样,各支路电流相位可能不同,故总电流的大小不等于各支路电流大小之和,即

$$I \neq I_R + I_L + I_C \tag{1-3-5}$$

4. 实验内容

(1)如图 1-3-13 所示连接电路,其中 $R = 500\ \Omega$,$R_2 = 4.5\ \Omega$,$L = 270\ \text{mH}$,$C = 0.22\ \mu\text{F}$。

(2)将信号发生器的输出电压(有效值)调到 4 V,频率 $f = 10\ \text{kHz}$,测量各支路电流 I_R、I_C、I_L 和总电流 I,将测量结果填入表 1-3-11 中。

(3)将信号源频率调至 15 kHz,重新测量以上各值,并填入表 1-3-11 中。

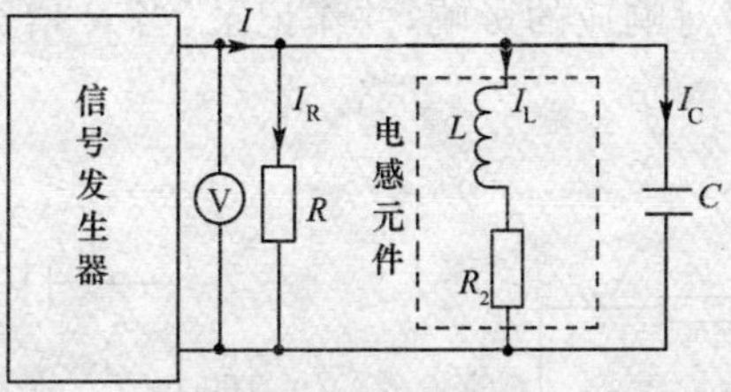

图 1-3-13　电路图

表 1-3-11　数据记录

	$f=10$ kHz			$f=15$ kHz		
	测量值	计算值	误差	测量值	计算值	误差
I_R/mA						
I_C/mA						
I_L/mA						
I/mA						

1.3.10　*RC* 一阶电路的响应测试

1. 实验目的

(1)测定 *RC* 一阶电路的零输入响应、零状态响应和全响应。

(2)学习电路时间常数的测量方法。

(3)掌握有关微分电路和积分电路的概念。

(4)进一步学会用示波器观测波形。

2. 实验器材

(1)通用电学实验台；

(2)双踪示波器；

(3)交流毫伏表；

(4)电阻；

(5)电容。

3. 实验内容

(1)选择 *RC* 元件，$R=10$ kΩ，$C=3\ 300$ pF，组成如图 1-3-14 所示的 *RC* 充放电电路，*E* 为脉冲信号发生器，输出 $U_m=3$ V、$f=1$ kHz 的方波信号，并通过两根同轴电缆线，将激励源 *E* 和响应 U_C 的信号分别连至示波器的两个输入插孔，这时可在示波器的屏幕上观察到激励与响应的变化规律，测量时间常数 τ，并用方格纸按 1∶1 的比例描绘波形。

少量地改变电容值或电阻值，定性地观察对响应的影响，记录观察到的现象。

(2)令 $R=10$ kΩ，$C=0.1$ μF，观察并描绘响应的波形，继续增大 *C* 值，观察并定性地描述电容对响应的影响。

(3)选择 *RC* 元件，$R=100$ Ω，$C=0.01$ μF，组成如图 1-3-15 所示的微分电路，在同样的方波激励信号($U_m=3$ V，$f=1$ kHz)作用下，观察并描绘激励与响应的波形。

增减 R 值，定性地观察对响应的影响，并作记录，当 R 增至 1 MΩ 时，输入输出波形在本质上有何区别？

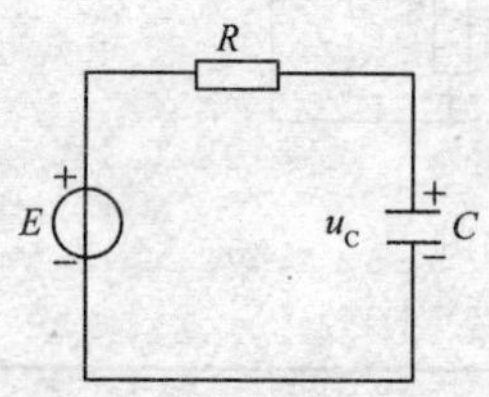

图 1-3-14　RC 一阶电路图

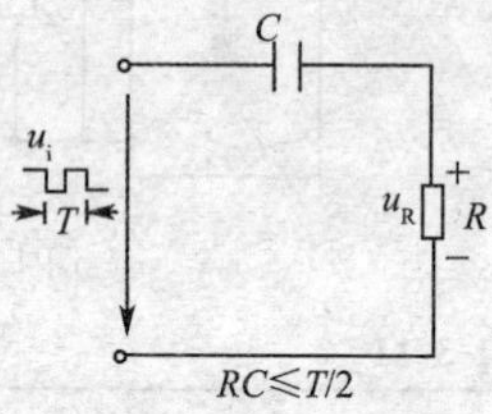

图 1-3-15　微分电路图

1.3.11　一阶电路过渡过程的研究

1. 实验目的

(1)研究 RC 一阶动态电路的零输入响应、零状态响应和全响应的变化规律和特点。

(2)观察方波输入 RC 一阶动态电路时，电路参数对响应的影响，并描绘响应的波形。

(3)熟悉示波器的使用。

2. 实验器材

(1)万用表；

(2)示波器；

(3)信号发生器；

(4)电阻；

(5)电容。

3. 实验内容

(1)观察一阶动态电路的零输入响应、零状态响应和全响应。

电路如图 1-3-16 所示，其中 $U_1=10$ V，$U_2=5$ V，$R_1=200$ Ω，$R_2=500$ Ω，$C=470$ μF。

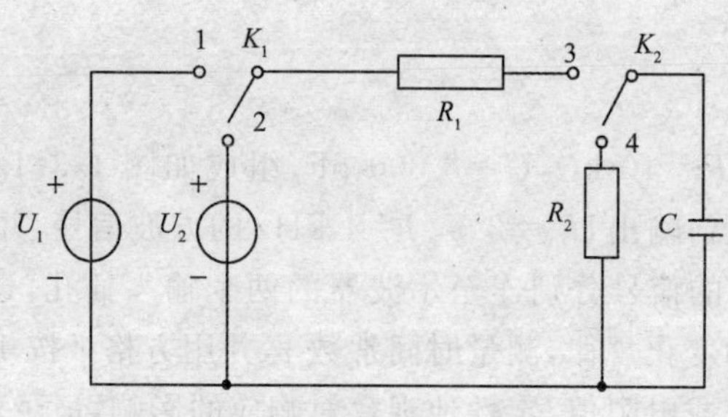

图 1-3-16　一阶动态电路图

用示波器观察 u_C（电容两端电压）的变化规律。记录 K_1、K_2 的操作次序和所观察的光点移动轨迹。

(2)观察方波输入 RC 一阶动态电路时，电容和电阻上的电压波形。

电路如图 1-3-17 所示。

调节信号发生器，输出频率为5 kHz、电压为6 V的方波，用示波器观察u_C、u_R波形。改变电容值再次测量，观察电路参数对响应的影响。

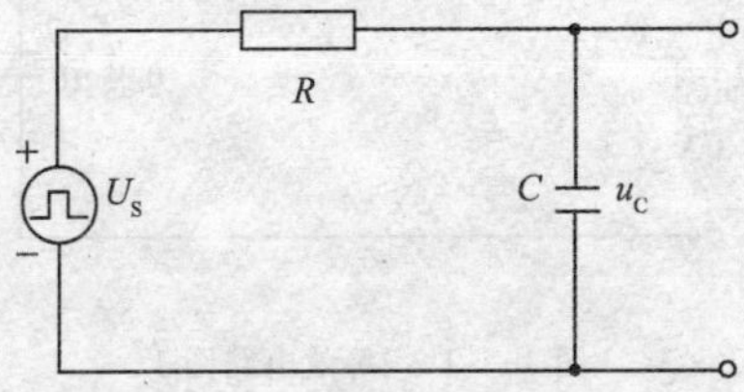

图1-3-17　方波输入电路图

1.3.12　二阶电路响应及其状态轨迹

1. 实验目的

(1)研究RLC串联电路的零输入响应和阶跃响应。

(2)利用状态轨迹分析零输入响应和零状态响应。

(3)测量临界阻尼电阻的两个R值。

(4)研究欠阻尼时，元件参数对β和固有频率的影响。

2. 实验器材

(1)示波器；

(2)函数信号发生器；

(3)电阻；

(4)电感；

(5)交流毫伏表。

3. 实验原理

含有两个独立储能元件，能用二阶微分方程描述瞬态过程的电路称为二阶电路。当外部激励为零、初始状态不为零时，所引起的响应称为零输入响应。当初始状态为零、外部激励不为零时，所引起的响应称为零状态响应。此时，若外部激励为阶跃信号，则所引起的响应称为阶跃响应；若外部激励为冲激信号，则所引起的响应称为冲激响应。

电容C上的初始电压和流过电感L的电流均为零，这时当正脉冲作用于如图1-3-18所示电路时，二极管D导通，$U_{iP}=U_{R1}$，等效电路如图1-3-19所示，图中，r_L为电感线圈的电感量为50 mH时，对应的直流电阻，在可变电感箱上能直接读出。

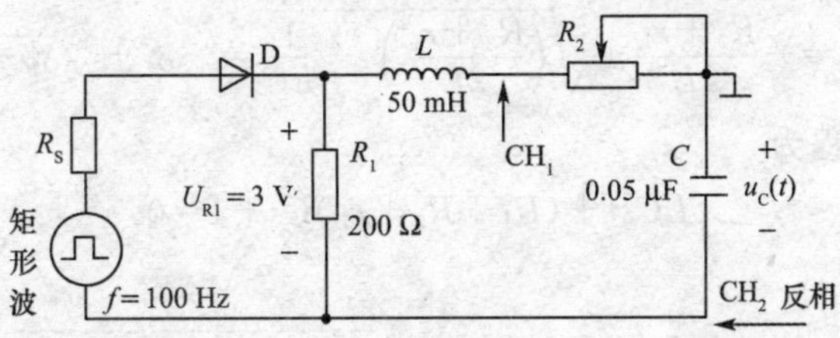

图1-3-18　正脉冲作用电路图

按图示电容电压的参考方向，可以写出

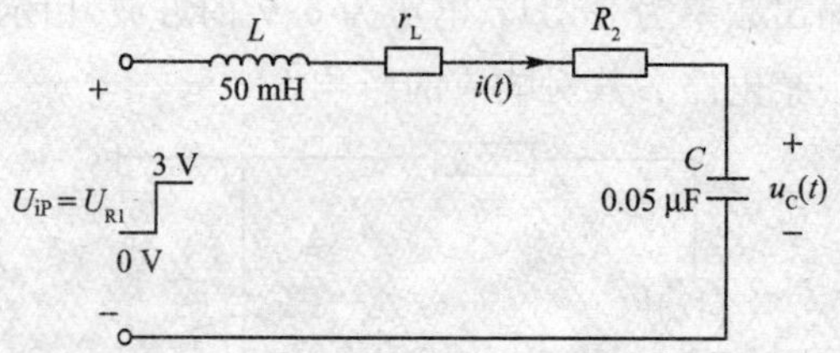

图 1-3-19 等效电路图 1

$$\begin{cases} LC\dfrac{d^2u_C(t)}{dt^2}+(R_2+r_L)C\dfrac{du_C(t)}{dt}+u_C(t)=U_{iP} \\ u_C(0^-)=0 \\ i_L(0^-)=0\Rightarrow\dfrac{du_C(t)}{dt}\Big|_{t=0^-}=u_C'(0^-)=0 \end{cases} \tag{1-3-6}$$

当电容上的电压 $u_C(0^-)=U_{iP}$，流过电感 L 的电流 $i_L(0^-)=i(0^-)=0$，此时负脉冲作用于图 1-3-18，二极管 D 截止，这时等效电路如图 1-3-20 所示。

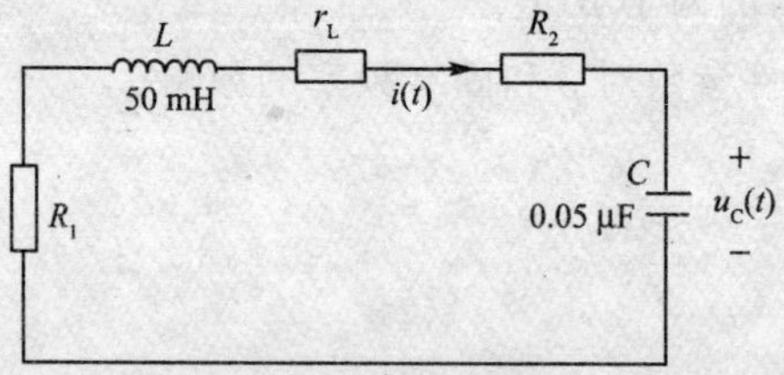

图 1-3-20 等效电路图 2

按图示电容电压的参考方向，可以写出

$$\begin{cases} LC\dfrac{d^2u_C(t)}{dt^2}+(R_1+R_2+r_L)C\dfrac{du_C(t)}{dt}+u_C(t)=0 \\ u_C(0^-)=U_{iP} \\ u_C'(0^-)=0 \end{cases} \tag{1-3-7}$$

式(1-3-6)和式(1-3-7)都是常系数、线性、二阶的微分方程，求解这两个方程，便可得到零状态响应和零输入响应的 $u_C(t)$。由微分方程的理论可知，式(1-3-6)的特征方程为

$$LCs^2+(R_2+r_L)Cs+1=0 \tag{1-3-8}$$

其特征根为

$$s_{1,2}=-\frac{R_2+r_L}{2L}\pm\sqrt{\left(\frac{R_2+r_L}{2L}\right)^2-\frac{1}{LC}}=-\delta_1\pm\sqrt{\delta_1^2-\omega_0^2} \tag{1-3-9}$$

式(1-3-7)的特征方程为

$$LCs^2+(R_1+R_2+r_L)Cs+1=0 \tag{1-3-10}$$

其特征根为

$$\begin{aligned} s_{1,2}&=-\frac{R_1+R_2+r_L}{2L}\pm\sqrt{\left(\frac{R_1+R_2+r_L}{2L}\right)^2-\frac{1}{LC}} \\ &=-\delta_2\pm\sqrt{\delta_2^2-\omega_0^2} \end{aligned} \tag{1-3-11}$$

(1)欠阻尼,振荡充放电过程

①由式(1-3-9)可见,当 $\delta_1<\omega_0$,即

$$R_2+r_L<2\sqrt{\frac{L}{C}},R_2<2\sqrt{\frac{L}{C}}-r_L \tag{1-3-12}$$

则式(1-3-9)可以写成

$$s_{1,2}=-\delta_1\pm j\omega_1 \tag{1-3-13}$$

式中　$\delta_1=\frac{R_2+r_L}{2L}$,称为阻尼常数;

$\omega_1=\sqrt{\omega_0^2-\delta_1^2}$,称为有衰减时的振荡角频率;

$\omega_0=\frac{1}{\sqrt{LC}}$,称为无衰减时的谐振(角)频率;

$s_{1,2}$ 为特征根,也称为电路的固有频率。

可见,δ_1,ω_1,ω_0,$s_{1,2}$ 均是仅与电路结构和元件参数有关,完全表征了 RLC 串联电路的属性。

②由式(1-3-11)可见,当 $\delta_2<\omega_0$,即

$$R_1+R_2+r_L<2\sqrt{\frac{L}{C}},R_2<2\sqrt{\frac{L}{C}}-r_L-R_1 \tag{1-3-14}$$

则式(1-3-11)可以写成

$$s_{1,2}=-\delta_2\pm j\omega_2 \tag{1-3-15}$$

式中　$\delta_2=\frac{R_1+R_2+r_L}{2L}$,称为阻尼常数;

$\omega_2=\sqrt{\omega_0^2-\delta_2^2}$,称为有衰减时的振荡角频率;

$\omega_0=\frac{1}{\sqrt{LC}}$,称为无衰减时的谐振(角)频率。

有了固有频率,对于阶跃信号激励(零状态响应),式(1-3-6)的解为

$$u_C=U_{iP}\left[1-\frac{\omega_0}{\omega_1}\cdot e^{-\delta_1 t}\cdot\sin(\omega_1 t+\beta_1)\right] \tag{1-3-16}$$

式中,$\beta_1=\arctan\frac{\omega_1}{\delta_1}$。

流过电感 L 的电流 i 为

$$i(t)=C\frac{du_C(t)}{dt}=\frac{U_{iP}}{\omega_1 L}e^{-\delta_1 t}\sin\omega_1 t \tag{1-3-17}$$

对于零输入响应,式(1-3-7)的解为

$$u_C=U_{iP}\cdot\frac{\omega_0}{\omega_2}\cdot e^{-\delta_2 t}\cdot\sin(\omega_2 t+\beta_2) \tag{1-3-18}$$

式中,$\beta_2=\arctan\frac{\omega_2}{\delta_2}$。

流过电感 L 的电流 i 为

$$i(t)=C\frac{du_C(t)}{dt}=-\frac{U_{iP}}{\omega_2 L}e^{-\delta_2 t}\sin\omega_2 t \tag{1-3-19}$$

由式(1-3-16)～式(1-3-19)可以看出,电容上的 u_C 和流过电感的 i_L 的波形将呈现

衰减振荡的形状，在整个过程中，它们将周期性地改变方向，储能元件 L 和 C 也将周期性地交换能量。在示波器上观察到的 $u_C(t)$ 和 $i(t)$ 波形如图 1-3-21 所示。

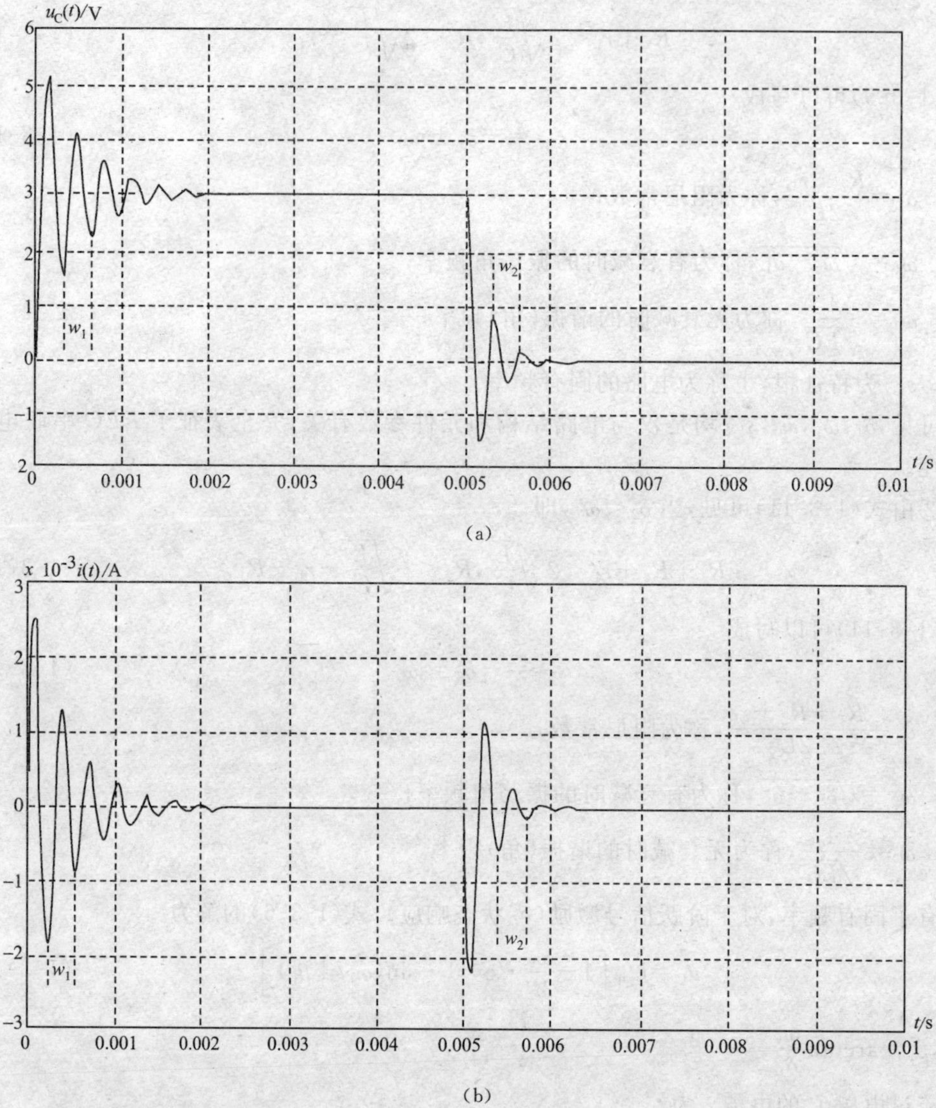

图 1-3-21　波形图

注意：示意图中的 ω_1 和 ω_2，在示波器观察时用 T_1(ms)和 T_2(ms)表示。

(2)过阻尼，非振荡充放电过程

①由式(1-3-9)可见，当 $\delta_1 > \omega_0$，即

$$R_2 + r_L > 2\sqrt{\frac{L}{C}}, R_2 > 2\sqrt{\frac{L}{C}} - r_L \tag{1-3-20}$$

固有频率

$$s_{1,2} = -\frac{R_2 + r_L}{2L} \pm \sqrt{\left(\frac{R_2 + r_L}{2L}\right)^2 - \frac{1}{LC}} \tag{1-3-21}$$

为两个不相等的负实数，电容电压 u_C 为

$$u_C(t)=U_{iP}\left[\frac{1}{s_1-s_2}(s_2 e^{s_1 t}+s_1 e^{s_2 t})+1\right] \tag{1-3-22}$$

流过电感 L 的电流 i 为

$$i(t)=C\frac{du_C(t)}{dt}=-\frac{CU_{iP}s_1 s_2}{s_1-s_2}(e^{s_1 t}-e^{s_2 t})$$

$$=\frac{U_{iP}}{L(s_1-s_2)}(e^{s_1 t}-e^{s_2 t}) \tag{1-3-23}$$

零状态响应 u_C 和 i 随时间的变化曲线如图 1-3-22 所示，为非振荡波形。

②由式(1-3-11)可见，当 $\delta_2>\omega_0$，即

$$R_1+R_2+r_L>2\sqrt{\frac{L}{C}},R_2>2\sqrt{\frac{L}{C}}-r_L-R_1 \tag{1-3-24}$$

固有频率

$$s_{1,2}=-\frac{R_1+R_2+r_L}{2L}\pm\sqrt{\left(\frac{R_1+R_2+r_L}{2L}\right)^2-\frac{1}{LC}} \tag{1-3-25}$$

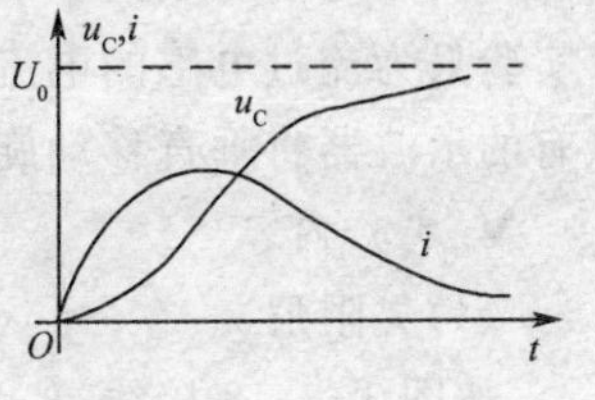

图 1-3-22　零状态响应曲线图

为两个不相等的负实数，电容电压 u_C 为

$$u_C(t)=\frac{U_{iP}}{s_2-s_1}(s_2 e^{s_1 t}-s_1 e^{s_2 t}) \tag{1-3-26}$$

流过电感 L 的电流 i 为

$$i(t)=C\frac{du_C(t)}{dt}=-\frac{CU_{iP}s_1 s_2}{s_2-s_1}(e^{s_1 t}-e^{s_2 t}) \tag{1-3-27}$$

将 $s_1 s_2=\frac{1}{LC}$代入式(1-3-27)得

$$i(t)=-\frac{U_{iP}}{L(s_2-s_1)}(e^{s_1 t}-e^{s_2 t}) \tag{1-3-28}$$

零输入响应 u_C 和 i 随时间的变化曲线如图 1-3-23 所示，为非振荡波形。

(3)临界阻尼，非振荡充放电过程

①由式(1-3-9)可见，当 $\delta_1=\omega_0$，即

$$R_2+r_L=2\sqrt{\frac{L}{C}},R_2=2\sqrt{\frac{L}{C}}-r_L \tag{1-3-29}$$

固有频率 $s_1=s_2=-\delta_1$，为两个相等的负实数，电容电压 u_C 为

$$u_C(t)=U_{iP}[1-(1+\delta_1 t)e^{-\delta_1 t}] \tag{1-3-30}$$

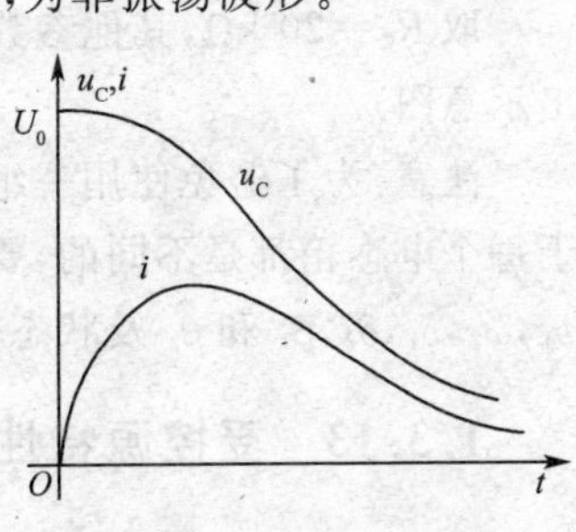

图 1-3-23　零输入响应曲线图

流过电感 L 的电流 i 为

$$i(t)=C\frac{du_C(t)}{dt}=\frac{U_{iP}}{L}te^{-\delta_1 t} \tag{1-3-31}$$

响应 u_C 和 i 随时间的变化曲线与过阻尼时的零状态响应的相似，仍为非振荡波形。

②由式(1-3-11)可见，当 $\delta_2=\omega_0$，即

$$R_1+R_2+r_L=2\sqrt{\frac{L}{C}},R_2=2\sqrt{\frac{L}{C}}-r_L-R_1 \tag{1-3-32}$$

固有频率 $s_1=s_2=-\delta_2$，为两个相等的负实数，电容电压 u_C 为

$$u_C(t)=U_{iP}(1+\delta_2 t)e^{-\delta_2 t} \tag{1-3-33}$$

流过电感 L 的电流 i 为

$$i(t)=-C\frac{du_C(t)}{dt}=\frac{U_{iP}}{L}te^{-\delta_2 t} \tag{1-3-34}$$

响应 u_C 和 i 随时间的变化曲线与过阻尼时的零输入响应的相似，仍为非振荡波形。

对于图 1-3-18 所示的二阶电路，如果选用电容上的电压 u_C 和流过电感的电流 i_L 作为变量，则可以写成两个一阶微分方程组，称为状态方程。示波器的 CH_1 接在电阻 R_2 上(实验只为流过电感的电流 i_L)，CH_2 接在电容 C 上，为保证参考方向正确，要求 Y_2 反相。(有的示波器将垂直移动旋钮拔出，有的示波器直接按一下 Y_2 反相键)

4. 实验内容

(1)欠阻尼

按图 1-3-18 接线，$R_1=200\ \Omega$，$L=50$ mH，$C=0.05\ \mu$F，$R_2=200\ \Omega$，方波频率取 $f=100$ Hz，由于函数信号发生器只能提供正负交替的矩形波，故在实验中串联一个开关二极管削去矩形波的负脉冲部分，以获得所需的方波，方波幅值取 3 V(即 $U_{R1}=3$ V)，电阻 R_1 的接入是为了在二极管截止时给 RLC 串联电路构成一个闭合回路，这样才能观察到电路的零输入响应、零状态响应和状态轨迹。

画出一个周期内的响应 $u_C(t)$、$i(t)$的波形图和状态轨迹，精确标出有关的结构参数，并把它们绘在坐标纸上。(β_1，β_2 为选做)

(2)临界阻尼

观察 $u_C(t)$、$i(t)$的波形和状态轨迹。调节电阻箱电阻值，找出临界阻尼时的两个电阻 R 值。画图时，可以固定其中的一个观察响应 $u_C(t)$、$i(t)$的波形图和状态轨迹(画出示意图)。

(3)过阻尼

取 $R_2=20$ kΩ，其他参数和条件不变，观察响应 $u_C(t)$、$i(t)$的波形图和状态轨迹(画出示意图)。

注意：为了避免使用一组数据作理论计算，做欠阻尼实验时，R_2 都取 200 Ω，而 r_L 对于每个电感箱都是不同的，要求如实记下，然后代入公式，用计算机做出理论曲线，计算出 ω_1，ω_2，δ_1，δ_2，β_1 和 β_2 及状态轨迹，并与实验结果比较，得出相应结论。

1.3.13 受控源特性的研究

1. 实验目的

加深对受控源的理解，学习受控源特性的测试方法。

2. 实验器材

(1)直流电流表(1 台)；

(2)直流电压表(1 台)；

(3)标准电阻 1 kΩ、2 kΩ、3 kΩ、10 kΩ、30 kΩ、100 kΩ。

3. 实验内容

(1)测量电压控制电压源 VCVS 的转移特性和外特性

①按图 1-3-24 接好电路。

②保持 $R_L=2\ k\Omega$,改变 U_1 的值,测量并记录 U_2 的值,填入表 1-3-12 中。

③保持 $U_1=2\ V$,改变 R_L 分别测取 I_L 和 U_2 的值,填入表 1-3-13 中。

(2)测量电压控制电流源 VCCS 的转移特性和外特性

①按图 1-3-25 接好电路。

②保持 $R_L=2\ k\Omega$,改变 U_1 的值,测量并记录 I_L 的值,填入表 1-3-14 中。

③保持 $U_1=4\ V$,改变 R_L 分别测取 I_L 和 U_2 的值,填入表 1-3-15 中。

(3)自拟实验方案得到电流控制电压源 CCVS、电流控制电流源 CCCS 的转移特性和外特性

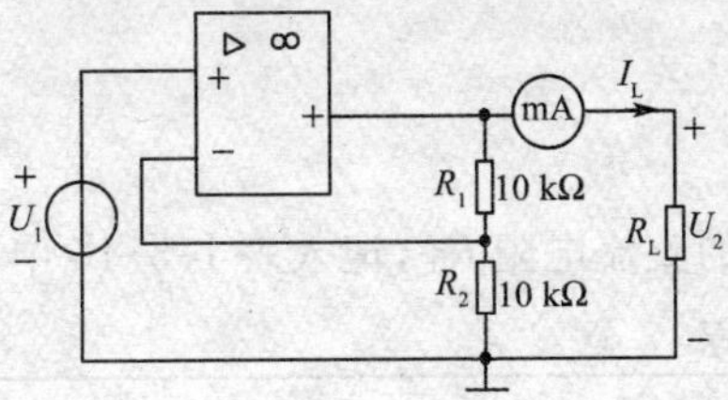

图 1-3-24 电路图 1

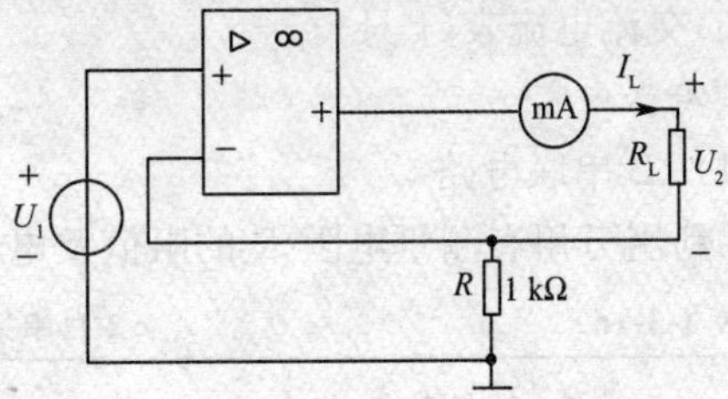

图 1-3-25 电路图 2

表 1-3-12 **VCVS 的转移特性**

U_1/V	0	1	2	3	4	5
U_2/V						
计算 μ						

表 1-3-13 **VCVS 的外特性**

R_L/kΩ	0	1	2	10	30	100	∞
I_L/mA							
U_2/V							

表 1-3-14 **VCCS 的转移特性**

U_1/V	0	0.5	1	1.5	2	2.5	3	3.5	4
I_L/mA									
计算 g_m									

表 1-3-15 **VCCS 的外特性**

R_L/kΩ	0	1	2	3	4	5
I_L/mA						
U_2/V						

4. 实验结论

(1)根据实验数据,计算出各类受控源的控制系数,总结它们的特性。

(2)讨论受控源与独立电源有何不同之处?如何分析含受控源的电路?

1.3.14 正弦稳态交流电路相量研究

1. 实验目的

(1)验证交流串联电路中,各部分电压与总电压的关系,从而加深对相位概念的理解。

(2)学习交流电压表、交流电流表的使用方法。

(3)根据电压、电流值计算感抗、容抗及阻抗。

2. 实验器材

(1)滑动变阻器 1 个:50 Ω;

(2)电感线圈(带可动铁芯)(2 个);

(3)电容 1 只:10 μF;

(4)万用表(1 只);

(5)交流电流表(1 只)。

3. 实验内容

(1)*RL* 串联电路

①利用万用表测量电阻 *R* 的阻值及电感线圈的直流电阻 R_L,记入表 1-3-16 中;

表 1-3-16 **RL 串联电路记录**

测量数据					计算数据					
序号	I	U	U_R	U_L	$R=U_R/I$	R_L	$Z_L=U_L/I$	$X_L=\sqrt{Z_L^2-R_L^2}$	$L=X_L/\omega$	$Z=U/I$
1										
2										

②按图 1-3-26 连接电路,经教师检查后合闸;测量并记录 U、U_R、U_L,填入表 1-3-16 中;

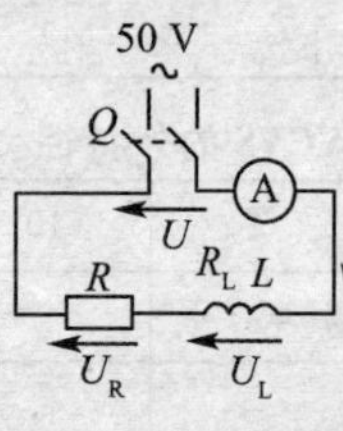

图 1-3-26 *RL* 串联电路图

③根据测量结果,计算两次测量时的线圈阻抗 *Z*,线圈感抗 X_L 和电感 *L* 等,记入表 1-3-16 中。

R_L=________Ω,R=________Ω。

(2)*RC* 串联电路

①按图 1-3-27 连接电路;

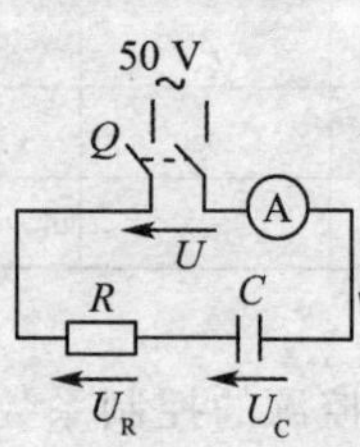

图 1-3-27 *RC* 串联电路图

②测量 I、U、U_R、U_C，记入表1-3-17中，验证电压三角形关系；

③根据测量数据，计算 R、X_C、C、Z，记入表1-3-17中。

表1-3-17　　**RC串联电路记录**

测量数据				计算数据			
I	U	U_R	U_C	$R=U_R/I$	$X_C=U_C/I$	$C=1/(\omega X_C)$	$Z=U/I$

(3)RLC串联电路

①按图1-3-28连接电路；

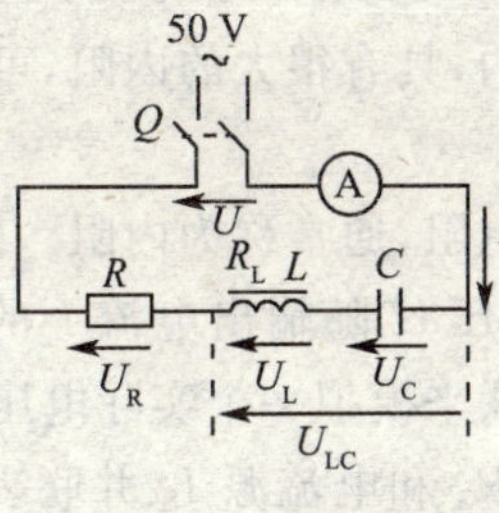

图1-3-28　RLC串联电路图

②测量 I、U、U_R、U_L、U_C、U_{LC}，记入表1-3-18序号1行中；

③改变电感线圈的铁芯位置，观察电流表电流值的变化，当电流表中指示最大值时，测量 I、U、U_R、U_L、U_C、U_{LC}，记入表1-3-18序号2行中。

R_L=________Ω。

U_L 为线圈电压，U_{LL} 为线圈的电感电压，U_{LR} 为线圈的电阻电压，计算数值，填入表1-3-18中。

表1-3-18　　**RLC串联电路记录**

	测量数据						计算数据
序号	I	U	U_R	U_L	U_C	U_{LC}	$\sqrt{(U_R+U_{LR})^2+(U_{LL}-U_C)^2}$
1							
2							

1.3.15　电压源、电流源及其电源等效变换

1. 实验目的

(1)掌握建立电源模型的方法。

(2)掌握电源外特性的测试方法。

(3)加深对电压源和电流源特性的理解。

(4)研究电源模型等效变换的条件。

2. 实验器材

(1)直流电压表、直流毫安表；

(2)恒压源；

(3)恒流源，0～500 mA可调；

(4)电阻；

(5)电位器。

3. 实验原理

(1)理想电压源和理想电流源

理想电压源具有端电压保持恒定不变，而输出电流大小由负载决定的特性。其外特性，表现为端电压 U 与输出电流 I 的关系 $U=f(I)$ 是一条平行于 I 轴的直线。实验中使用的电压源在规定的电压范围内，具有很小的内阻，可以将它视为一个恒压源。

理想电流源具有输出电流保持恒定不变，而端电压的大小由负载决定的特性。其外特性，表现为输出电流 I 与端电压 U 的关系 $I=f(U)$ 是一条平行于 U 轴的直线。实验中使用的电流源在规定的电流范围内，具有很大的内阻，可以将它视为一个恒流源。

(2)实际电压源和实际电流源

实际上任何电源内部都存在电阻，通常称为内阻。因而，实际电压源可以用一个内阻 R_S 和电压源 U_S 串联表示，其端电压 U 随输出电流 I 的增大而减小。在实验中，可以用一个小阻值的电阻与恒压源相串联来模拟一个实际电压源。

实际电流源可以用一个内阻 R_S 和电流源 I_S 并联表示，其输出电流 I 随端电压 U 的增大而减小。在实验中，可以用一个大阻值的电阻与恒流源相并联来模拟一个实际电流源。

(3)实际电压源和实际电流源的等效互换

一个实际的电源，就其外特性而言，既可以看成是一个电压源，又可以看成是一个电流源。若视其为电压源，则可用一个电压源与一个电阻相串联来表示；若视其为电流源，则可用一个电流源与一个电阻相并联来表示。若它们向同样大小的负载提供同样大小的电流和端电压，则称这两个电源是等效的，即具有相同的外特性。

实际电压源和实际电流源的等效变换的条件为：取实际电压源与实际电流源的内阻均为 R_S。已知实际电压源的参数为 U_S 和 R_S，则实际电流源的参数为 $I_S=\dfrac{U_S}{R_S}$ 和 R_S；若已知实际电流源的参数为 I_S 和 R_S，则实际电压源的参数为 $U_S=I_SR_S$ 和 R_S。

4. 实验内容

(1)测定理想电压源(恒压源)与实际电压源的外特性

实验电路如图 1-3-29 所示，图中的电源 U_S 用恒压源中的 +6 V 输出端，R_1 取 200 Ω 的固定电阻，R_2 取 470 Ω 的电位器。调节电位器 R_2，令其阻值由大到小变化，将电流表、电压表的读数记入表 1-3-19 中。

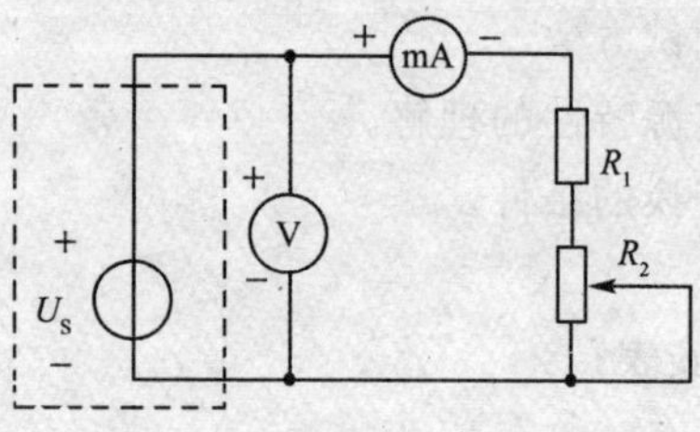

图 1-3-29 理想电压源(恒压源)外特性电路图

表 1-3-19　　理想电压源(恒压源)外特性数据

I(mA)						
U(V)						

图 1-3-29 电路中，将理想电压源改为实际电压源，如图 1-3-30 所示。

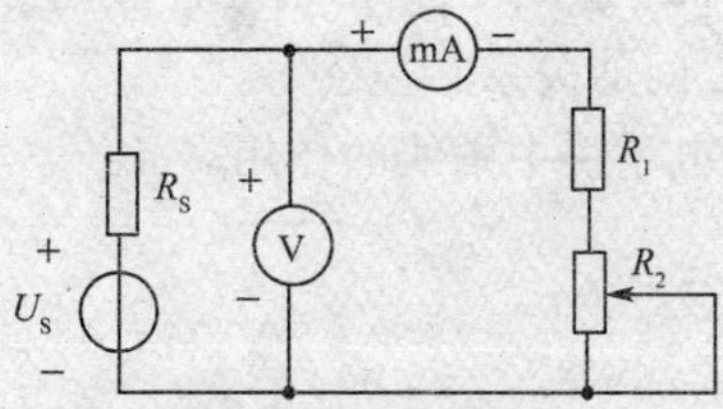

图 1-3-30　实际电压源外特性电路图

图 1-3-30 中内阻 R_S 取 51 Ω 的固定电阻，调节电位器 R_2，令其阻值由大到小变化，将电流表、电压表的读数记入表 1-3-20 中。

表 1-3-20　　实际电压源外特性数据

I(mA)						
U(V)						

(2)测定理想电流源(恒流源)的外特性

按图 1-3-31 连接电路，图中 I_S 为恒流源，调节其输出为 5 mA(用毫安表测量)，R_2 取 470 Ω 的电位器，在 R_S 分别为 1 kΩ 和∞(即拿走 R_S)两种情况下，调节电位器 R_2，令其阻值由大到小变化，将电流表、电压表的读数记入自拟的数据表格中。

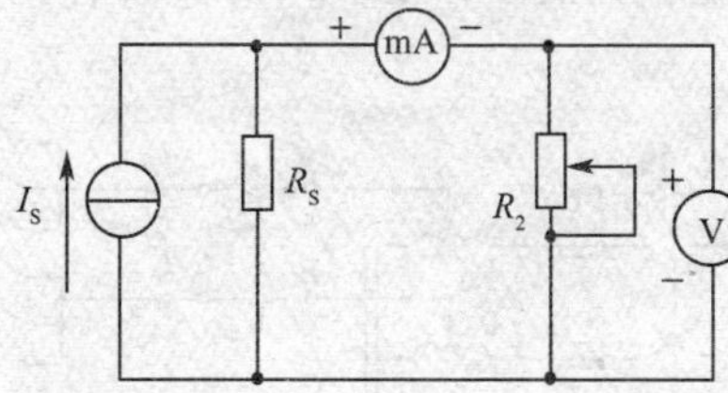

图 1-3-31　理想电流源(恒流源)外特性电路图

(3)研究电源等效变换的条件

按图 1-3-32 连接电路，其中图(a)、(b)中的内阻 R_S 均为 51 Ω，负载电阻 R 均为200 Ω。

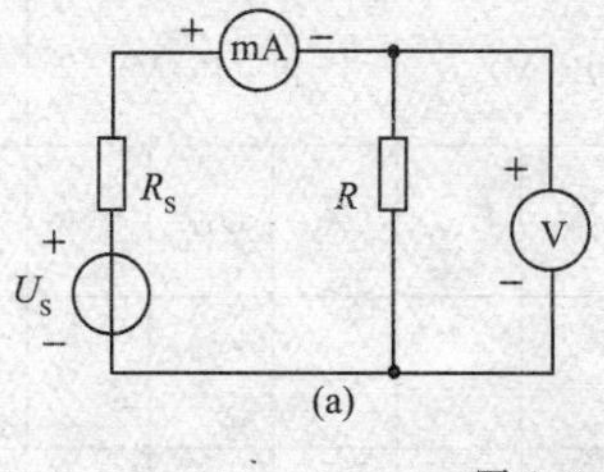

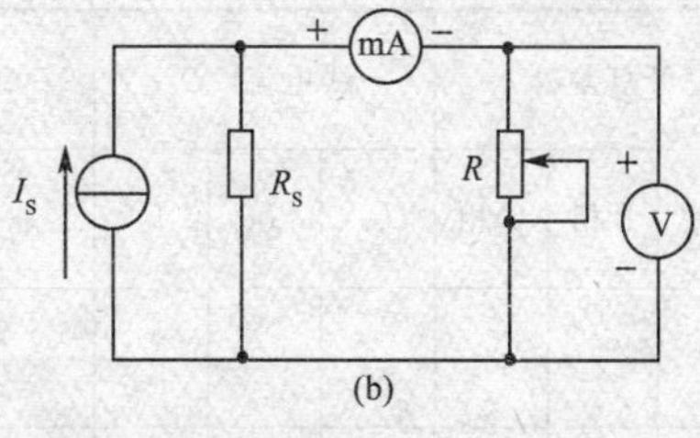

图 1-3-32　等效变换电路图

在图 1-3-32(a)电路中，U_S 用恒压源中的＋6 V 输出端，记录电压表、电流表的读数。然后调节图 1-3-32(b)电路中恒流源 I_S，使两表的读数与图 1-3-32(a)中两表的数值相等，记录 I_S 值，验证等效变换条件的正确性。

1.3.16 三相交流电路电流、电压的测量

1. 实验目的

(1)掌握三相负载作星形(Y)连接、三角形(△)连接的方法，验证这两种接法下线电压、相电压及线电流、相电流之间的关系。

(2)充分理解三相四线供电系统中中线的作用。

2. 实验器材

(1)交流电压表；

(2)交流电流表；

(3)万用表；

(4)三相自耦调压器；

(5)三相灯组负载(220 V，25 W 白炽灯 9 只)；

(6)电门插座(3 只)。

3. 实验内容

(1)三相负载星形连接

按图 1-3-33 连接电路。即三相灯组负载经三相自耦调压器接通三相对称电源。将三相调压器的旋柄置于输出为 0 V 的位置(即逆时针旋到底)。经指导教师检查合格后，方可开启实验台电源，然后调节调压器的输出，使输出的三相线电压为 220 V。按下述内容完成各项实验：分别测量三相负载的线电流、线电压、相电压、中线电流、电源与负载中点间的电压。将所测得的数据记入表 1-3-21 中，并观察各相灯组亮暗的变化程度，特别要注意观察中线的作用。

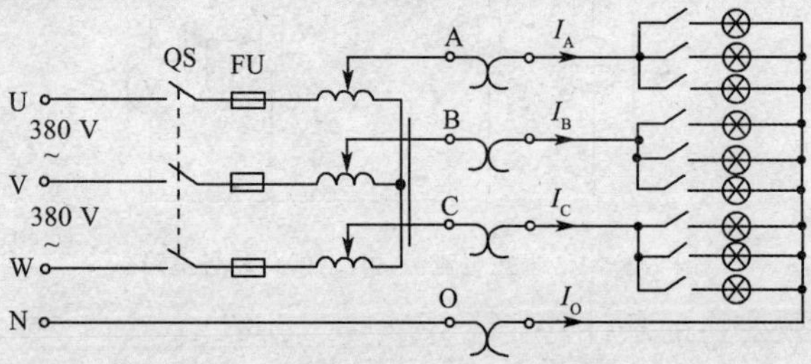

图 1-3-33 星形连接电路图

表 1-3-21 星形连接数据

实验内容(负载情况)	开灯盏数			线电流(A)			线电压(V)			相电压(V)			中线电流	中点电压
	A 相	B 相	C 相	I_A	I_B	I_C	U_{AB}	U_{BC}	U_{CA}	U_{AO}	U_{BO}	U_{CO}	I_O	U_{NO}
Y_N 接对称负载	3	3	3											
Y 形接对称负载	3	3	3											

（续表）

实验内容（负载情况）	开灯盏数			线电流(A)			线电压(V)			相电压(V)			中线电流	中点电压
	A 相	B 相	C 相	I_A	I_B	I_C	U_{AB}	U_{BC}	U_{CA}	U_{AO}	U_{BO}	U_{CO}	I_O	U_{NO}
Y_N 接不对称负载	1	2	3											
Y 形接不对称负载	1	2	3											
Y_N 接 B 相断开	1	—	3											
Y 形接 B 相断开	1	—	3											

(2)三相负载三角形连接(三相三线制供电)

按图 1-3-34 改接线路，经指导教师检查合格后接通三相电源，并调节调压器，使其输出线电压为 220 V，按表 1-3-22 的内容进行测量。

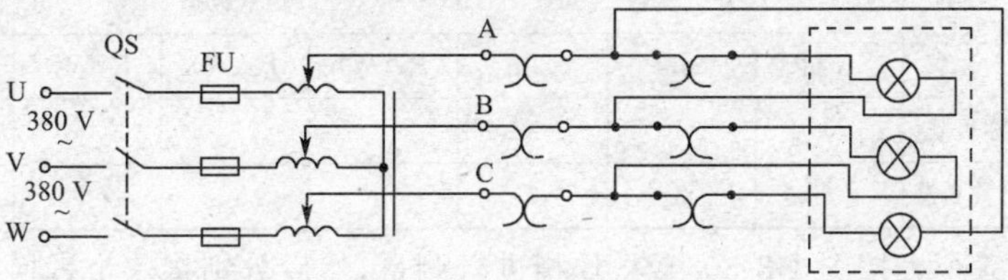

图 1-3-34　三角形连接电路图

表 1-3-22　三角形连接数据

实验内容（负载情况）	开灯盏数			线电压=相电压(V)			线电流(A)			相电流(A)		
	A-B 相	B-C 相	C-A 相	U_{AB}	U_{BC}	U_{CA}	I_A	I_B	I_C	I_{AB}	I_{BC}	I_{CA}
三相对称	3	3	3									
三相不对称	1	2	3									

1.3.17　三相电路功率的测量

1. 实验目的

(1)掌握用一瓦特表法、二瓦特表法测量三相电路有功功率与无功功率的方法。

(2)熟练掌握功率表的接线和使用方法。

2. 实验器材

(1)功率表；

(2)交流电压表；

(3)交流电流表；

(4)三相自耦调压器；

(5)三相电阻负载；

(6)三相电容负载。

3. 实验内容

(1)用一瓦特表法测量三相 Y_N 接对称负载和 Y_N 接不对称负载的总功率 ΣP。实验按图 1-3-35 接线。电路中的电流表和电压表用以监视三相电流和电压不要超过功率表电压和电流的量程。

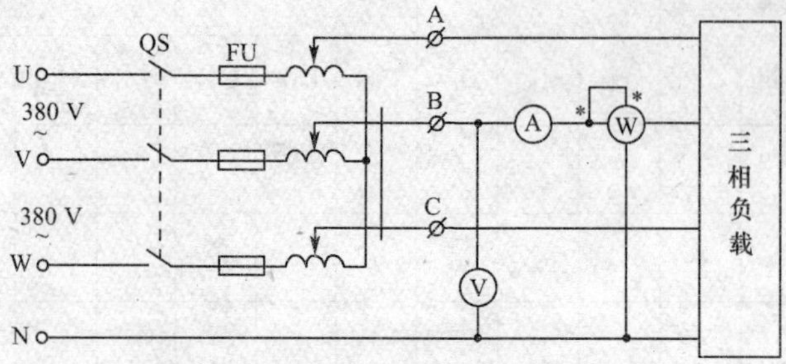

图 1-3-35 一瓦特表法测量电路图

接通三相电源，调节调压器输出，使输出线电压为 220 V，按表 1-3-23 的要求进行测量及计算。

表 1-3-23　　一瓦特表法功率测量数据

负载情况	开灯盏数			测量数据			计算值
	A 相	B 相	C 相	P_A(W)	P_B(W)	P_C(W)	ΣP(W)
Y_N 接对称负载	3	3	3				
Y_N 接不对称负载	1	2	3				

首先是将三个表按图 1-3-35 接入 B 相进行测量，然后分别将三个表换接到 A 相和 C 相，再进行测量。

(2)用二瓦特表法测量三相负载的总功率。按图 1-3-36 接线，将三相灯组负载接成 Y 形接法。

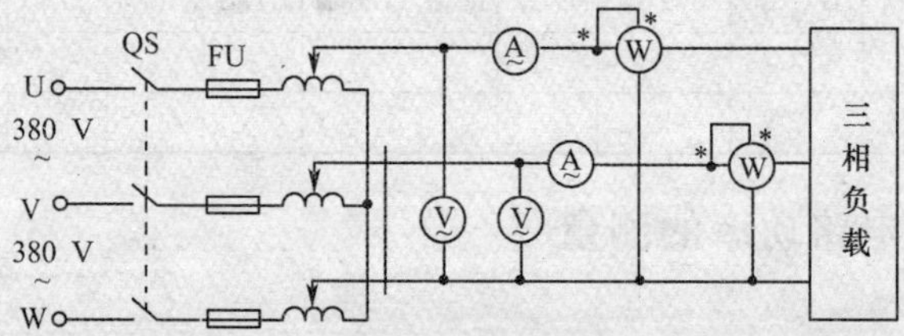

图 1-3-36 二瓦特表法测量电路图

接通三相电源，调节调压器的输出线电压为 220 V，按表 1-3-24 的内容进行测量。

将三相灯组负载改接成△形接法，重复上述测量步骤，数据记入表 1-3-24 中。

表 1-3-24　　二瓦特表法功率测量数据

负载情况	开灯盏数			测量数据		计算值
	A 相	B 相	C 相	P_1(W)	P_2(W)	ΣP(W)
Y 形接对称负载	3	3	3			
Y 形接不对称负载	1	2	3			
△形接不对称负载	1	2	3			
△形接对称负载	3	3	3			

(3)用一瓦特表法测量三相对称星形负载的无功功率,按图 1-3-37 所示电路接线。

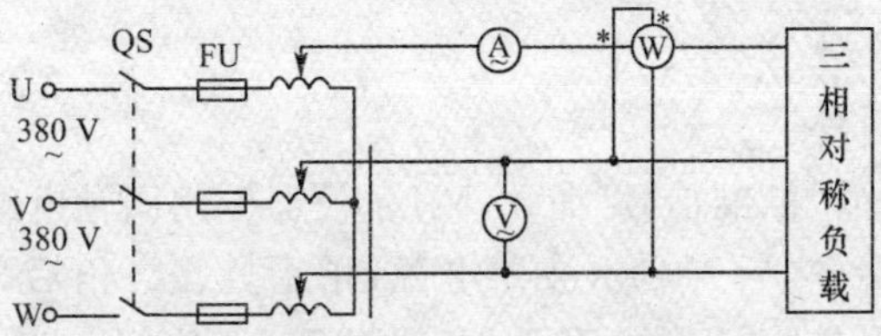

图 1-3-37　测量无功功率电路图

每相负载由白炽灯和电容器并联而成,并由开关控制其接入。检查接线无误后,接通三相电源,将调压器的输出线电压调到 220 V,读取三个表的读数并计算无功功率 ΣQ,填入表 1-3-25 中。

表 1-3-25　一瓦特表法无功功率测量数据

负载情况	测量值			计算值
	U(V)	I(A)	Q(var)	$\Sigma Q=3Q$
①三相对称灯组(每相开 3 盏)				
②三相对称电容器(每相 4 μF)				
①与②两种负载的并联				

1.3.18　典型电信号观测

1. 实验目的

(1)熟悉低频信号发生器、脉冲信号发生器各旋钮、开关的作用及其使用方法。

(2)初步掌握用示波器观察电信号波形,定量测出正弦信号和脉冲信号的波形参数。

(3)初步掌握示波器、信号发生器的使用方法。

2. 实验原理

(1)正弦交流信号和方波脉冲信号是常用的电激励信号,可分别由低频信号发生器和脉冲信号发生器提供。正弦信号的波形参数是幅值 U_m、周期 T(或频率 f)和初相;脉冲信号的波形参数是幅值 U_m、周期 T 和脉宽 t_k。本实验装置能提供频率范围为 20 Hz～50 kHz的正弦波及方波,并有 6 位 LED 数码管显示信号的频率。正弦波的幅度为 0～5 V可调,方波的幅度为 1～3.8 V 可调。

(2)电子示波器是一种信号图形观测仪器,可测出电信号的波形参数。从荧光屏的 Y 轴刻度尺并结合其量程分挡(Y 轴输入电压灵敏度 V/div 分挡)选择开关,读得电信号的幅值;从荧光屏的 X 轴刻度尺并结合其量程分挡(时间扫描速度 t/div 分挡)选择开关,读得电信号的周期、脉宽、相位差等参数。为了完成对各种不同波形、不同要求的观察和测量,还有一些其他的调节和控制旋钮,希望同学们在实验中加以摸索和掌握。

一台双踪示波器可以同时观察和测量两个信号的波形和参数。

3. 实验器材

(1)双踪示波器;

(2)函数信号发生器;

(3)交流毫伏表；

(4)频率计。

4. 实验内容

(1)双踪示波器的自检

将示波器面板部分的“标准信号”插孔通过示波器专用同轴电缆接至双踪示波器的 Y 轴输入插孔 Y_A 或 Y_B 端，然后开启示波器电源，指示灯亮。稍后，调节示波器面板上的“辉度”、“聚焦”、“辅助聚焦”、“X 轴位移”、“Y 轴位移”等旋钮，使在荧光屏的中心部分显示出线条细而清晰、亮度适中的方波波形。通过选择幅度和扫描速度，并将它们的细调旋钮旋至“校准”位置，从荧光屏上读出该“标准信号”的幅值和频率，并与标称值(1 V，1 kHz)作比较。

(2)正弦波信号的观测

①将示波器的幅度和扫描速度细调旋钮旋至“校准”位置。

②通过同轴电缆，将信号发生器的正弦波输出插孔与示波器的 Y_A 插孔相连。

③接通信号发生器的电源，选择正弦波输出。通过相应调节，使输出频率分别为 50 Hz、1 500 Hz 和 20 kHz(由频率计读得)；再使输出幅值分别为有效值 0.1 V，1 V，3 V(由交流毫伏表读得)。调节示波器 Y 轴和 X 轴的偏转灵敏度至合适位置，从荧光屏上读得幅值及周期，记入表 1-3-26 和表 1-3-27 中。

表 1-3-26 正弦波信号频率的测量

频率计读数所测项目	50 Hz	1 500 Hz	20 kHz
示波器“t/div”位置			
一个周期占有的格数			
信号周期(s)			
计算所得频率(Hz)			

表 1-3-27 正弦波信号幅值的测量

交流毫伏表读数所测项目	0.1 V	1 V	3 V
示波器“V/div”位置			
峰-峰值波形格数			
峰-峰值			
计算所得有效值			

(3)方波脉冲信号的观察和测量

①将同轴电缆插头换接在脉冲信号的输出插孔上，选择方波信号输出。

②调节方波的输出幅度为 3.0 $U_{P\text{-}P}$(用示波器测量)，分别观测 100 Hz，3 kHz 和 30 kHz方波信号的波形参数。

③使信号频率保持在 3 kHz，选择不同的幅度及脉宽，观测波形参数的变化。

1.3.19 日光灯电路及功率因数的提高

1. 实验目的

(1)学会装接日光灯，并了解起辉器、镇流器的作用及日光灯的工作原理。

(2)通过实验了解提高功率因数的意义和方法。

2. 实验器材

(1)镇流器(电感线圈);

(2)日光灯;

(3)电容;

(4)电压表;

(5)电流表。

3. 实验内容

电路图如图1-3-38所示。

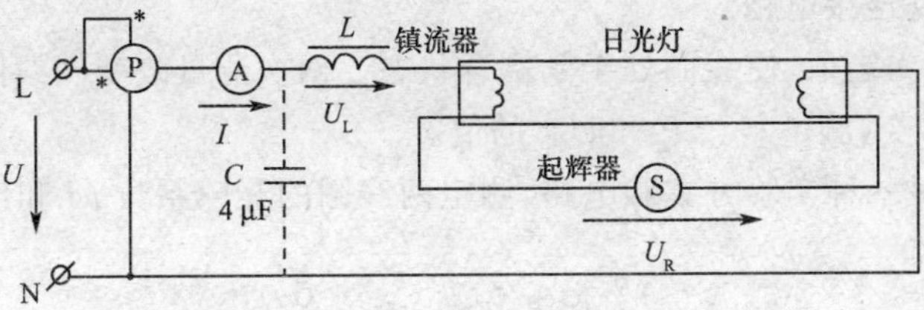

图1-3-38　日光灯电路图

(1)按图连接线路(电容C不接)。

(2)分别测量电流I以及电源电压U、镇流器电压U_L、灯管电压U_R和有功功率P,计算功率因数$\cos\varphi$,并将所得数据记入表1-3-28中。

表1-3-28　日光灯测量数据

被测量 电容值	电流 I(A)	电源电压 U(V)	镇流器电压 U_L(V)	灯管电压 U_R(V)	有功功率 P(W)	功率因数 $\cos\varphi$
C开路						

(3)在图1-3-38所示电路中,接入一个4 μF/400 V的电容器,打开电源,观察各电压和电流的变化,计算功率因数$\cos\varphi$,并将所得数据记入表1-3-29中。

表1-3-29　日光灯接入电容器测量数据

被测量 电容值	电流 I(A)	电源电压 U(V)	镇流器电压 U_L(V)	灯管电压 U_R(V)	有功功率 P(W)	功率因数 $\cos\varphi$
$C=4$ μF						

1.3.20　互感电路

1. 实验目的

(1)学习测量两个耦合线圈的同名端。

(2)用实验的方法确定互感电路中的互感系数及两线圈的参数。

(3)测定两耦合线圈串联时的等值参数。

2. 实验器材

(1)互感线圈;

(2)数字万用表;

(3)功率表。

3. 实验内容

(1)判断两线圈的同名端。

①按图 1-3-39 连接电路,使两线圈用两种不同形式串联;

②取线圈 L_1、L_2 和 $U_{11'}$ 为定值,测 $U_{21'}$ 和 $U_{2'1'}$ 的值,并判断两线圈的同名端。

(2)测定两耦合线圈的参数 r_1、r_2、L_1、L_2 和 M。

①按图 1-3-40 连接电路。

②取 L_1 和 L_2 为定值,使线圈处于紧耦合状态。两次测量改变两线圈的一次、二次绕组,保持 $I_入$ 定值不变,测量 $U_入$、P 和 $U_出$ 的值。

(3)自行设计另一种实验方案和电路,测定两线圈的互感系数 M 和线圈参数。

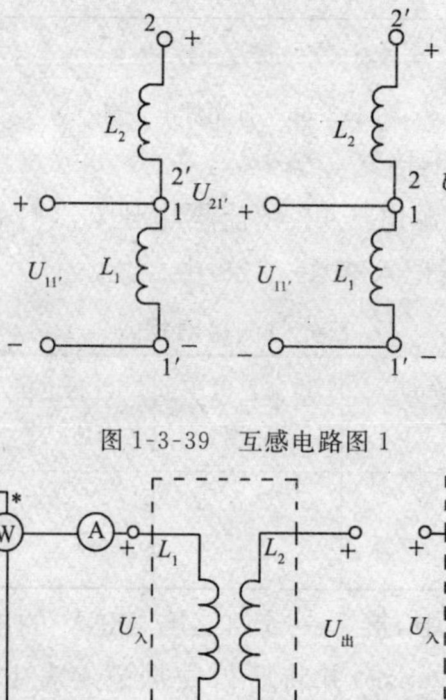

图 1-3-39 互感电路图 1

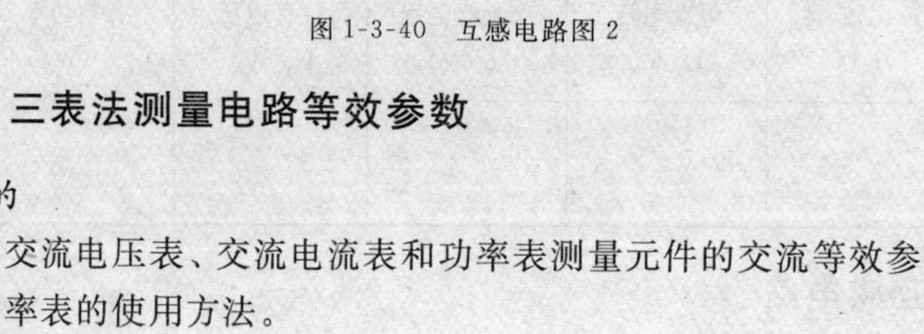

图 1-3-40 互感电路图 2

1.3.21 三表法测量电路等效参数

1. 实验目的

(1)学会用交流电压表、交流电流表和功率表测量元件的交流等效参数的方法。

(2)学会功率表的使用方法。

2. 实验器材

(1)交流电压表;

(2)交流电流表;

(3)功率表;

(4)电感线圈;

(5)电容；

(6)电阻。

3. 实验原理

(1)正弦交流信号激励下的阻抗值，可以用交流电压表、交流电流表和功率表分别测量出元件两端的电压 U、流过该元件的电流 I 和它所消耗的功率 P，然后通过计算得到该值，这种方法称为三表法，是用以测量 50 Hz 交流电路参数的基本方法。

计算的基本公式如下：

阻抗的模：

$$|Z|=\frac{U}{I} \tag{1-3-35}$$

电路的功率因数：

$$\cos\varphi=\frac{P}{UI} \tag{1-3-36}$$

等效电阻：

$$R=\frac{P}{I^2}=|Z|\cos\varphi \tag{1-3-37}$$

等效电抗：

$$X=|Z|\sin\varphi \tag{1-3-38}$$

或

$$X=X_L=2\pi fL,\ X=X_C=\frac{1}{2\pi fC} \tag{1-3-39}$$

(2)阻抗性质的判别方法：可用在被测元件两端并联电容或将被测元件与电容串联的方法来判别。其原理如下：

①在被测元件两端并联一只适当容量的实验电容，若串接在电路中电流表的读数增大，则被测阻抗为容性，电流减小则为感性。

图 1-3-41(a)中，Z 为待测定的元件，C'为实验电容。图 1-3-41(b)是等效电路，图中 G、B 为待测阻抗 Z 的电导和电纳，B'为并联电容 C' 的电纳。

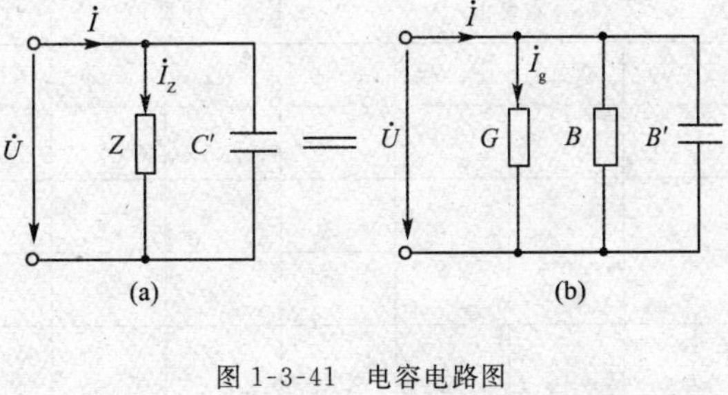

图 1-3-41　电容电路图

在端电压有效值不变的条件下，按下面两种情况进行分析：

a. 设 $B+B'=B''$，若 B'增大，B''也增大，则电路中电流 I 将单调上升，故可判断 B 为容性元件。

b. 设 $B+B'=B''$，若 B'增大，而 B''先减小后增大，电流 I 也是先减小后上升，则可判断 B 为感性元件。

由以上分析可知，当 B 为容性元件时，对并联电容 C' 值无特殊要求；而当 B 为感性元件时，$B'<|2B|$ 才有判定为感性的意义。$B'>|2B|$ 时，电流单调上升，与 B 为容性时相同，并不能说明电路是感性的。因此，$B'<|2B|$ 是判断电路性质的可靠条件，由此得判定条件为

$$C'<\left|\frac{2B}{\omega}\right| \tag{1-3-40}$$

②与被测元件串联一个适当容量的实验电容，若被测阻抗的端电压下降，则为容性；若端电压上升，则为感性。判定条件为 $\frac{1}{\omega C'}<|2X|$，式中 X 为被测阻抗的电抗值，C' 为串联实验电容值，此关系式可自行证明。

判断待测元件的性质，除上述借助于实验电容 C' 测定法外，还可以利用该元件的电流 $\dot{I}$ 与电压 $\dot{U}$ 之间的相位关系来判断。若 $\dot{I}$ 超前于 $\dot{U}$，则为容性；若 $\dot{I}$ 滞后于 $\dot{U}$，则为感性。

(3)本实验所用的功率表为智能交流功率表，其电压接线端应与负载并联，电流接线端应与负载串联。

4. 实验内容

(1)按图 1-3-42 连接电路。

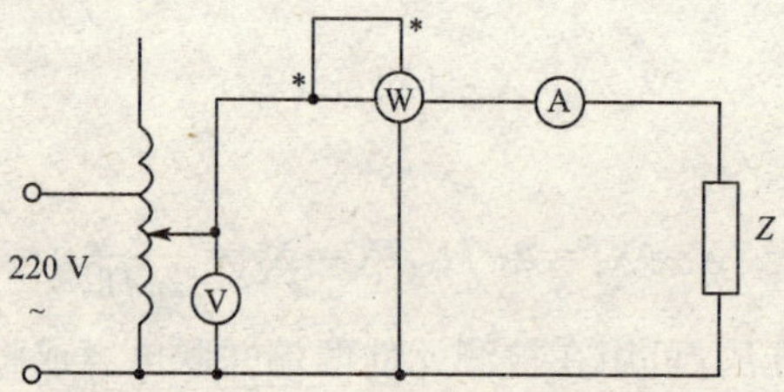

图 1-3-42　三表法测量电路图

(2)分别测量 300 Ω 电阻(R)、1 H 电感(L)和 4.7 μF 电容(C)的等效参数，填入表 1-3-30中。

(3)测量 L、C 串联与并联后的等效参数，填入表 1-3-30 中。

表 1-3-30　三表法测量数据

被测阻抗	测量值				计算值		电路和等效参数		
	U(V)	I(A)	P(W)	$\cos\varphi$	Z(Ω)	$\cos\varphi$	R(Ω)	L(H)	C(μF)
电阻 R									
电感线圈 L									
电容 C									
L 与 C 串联									
L 与 C 并联									

(4)验证用串并联实验电容法判别负载性质的正确性。

电路如图 1-3-42 所示，但不必接功率表，按表 1-3-31 内容进行测量和记录。

表 1-3-31 测量数据

被测元件	串联 1 μF 电容		并联 1 μF 电容	
	串联前电压(V)	串联后电压(V)	并联前电流(A)	并联后电流(A)
R(300 Ω)				
C(4.7 μF)				
L(1 H)				

1.3.22 三相电路的研究

1. 实验目的

(1)学习三相负载的星形、三角形连接方法。

(2)理解对称三相电路中负载为星形、三角形连接时,电压和电流的线值和相值的关系。

(3)了解不对称三相四线制电路中中线的作用。

2. 实验器材

(1)数字万用表;

(2)三相负载(三组电阻和电感串联电路)。

3. 实验内容

(1)星形连接对称三相负载实验,将负载接成星形电路,接通电源。测量有中线时的负载线电压、相电压、线(相)电流和中线电流。然后观察无中线时对负载的工作是否有影响。记录实验数据,填入表 1-3-32 中。

(2)星形连接不对称三相负载实验,接中线和不接中线时,分别测量表中的电压和电流,比较测量结果。记录实验数据,填入表 1-3-32 中。

(3)三角形连接对称三相负载实验,接好电路,接通电源。测量负载的线(相)电压、线电流和相电流。记录实验数据,填入表 1-3-33 中。

(4)三角形连接,将负载改为不对称,测量负载的线(相)电压、线电流和相电流。比较负载对称和不对称时,相电压和线电压是否相同,分析负载不对称对负载工作是否有影响。记录实验数据,填入表 1-3-33 中。

表 1-3-32 星形连接测量数据

星形连接		线电压/V			相电压/V			线(相)电流/A			中线电流/A
		U_{AB}	U_{BC}	U_{CA}	U_A	U_B	U_C	I_A	I_B	I_C	I_N
对称											
不对称	有中线										
	无中线										

表 1-3-33 三角形连接测量数据

三角形连接	线(相)电压/V			线电流/A			相电流/A		
	U_{AB}	U_{BC}	U_{CA}	I_{AB}	I_{BC}	I_{CA}	I_A	I_B	I_C
负载对称									
负载不对称									

4. 问题讨论

(1)讨论串联交流电路中总电压与部分电压之间的关系与直流电路的区别。

(2)讨论并联交流电路中总电流与部分电流之间的关系与直流电路的区别。

第2部分　模拟电子线路实验

2.1 绪　论

1. 模拟电子线路实验概述

模拟电子线路是一门实践性很强的课程，具有工程特点。模拟电路的分析方法是"定性分析、定量估算、仿真验证、实验调整"。实验教学对于培养学生理论联系实际的学风，培养学生研究问题和解决问题的能力，培养学生进行科学实验的动手能力，提高学生针对实际问题进行电子设计制作的能力具有重要的作用。

模拟电子线路实验是电气信息、计算机工程、应用物理等专业的学生进行电子工程初步训练的重要实践课程。本实验课程主要研究常用电子仪器的使用方法以及由各种半导体器件构成的模拟电路的设计、调试、测量方法。其教学环节主要包括基本仪器的正确使用，元件参数和电路性能的测试，电路的安装调整及故障排除，实验数据的记录、处理、分析、综合和实验报告的撰写等。

本实验的任务是使学生通过实验验证所学模拟电路理论知识，掌握常用电子测量仪器设备的使用方法和基本电子电路的测量技术，了解和掌握电子电路工作原理的实验分析方法，在把理论知识应用到实践的过程中提高分析问题和解决问题的能力，并获得综合设计能力的初步训练。

通过该实验课程，使学生得到模拟电子基本实践技能的训练，学会运用所学理论知识解决实际问题，加深对理论知识的理解；学会常用芯片、电子元件等基本实验设备的原理及使用方法；能根据要求合理布线和正确连接实验线路，能分析并排除实验中出现的故障；能运用理论知识对实验现象、结果进行分析和处理；能根据要求，进行简单电路的设计，并正确选用电路元件及测量仪器、设备。

本书在实验内容的选择中，以实验方法和应用能力训练的需要为立足点，既考虑基本元件基础应用的需要，又考虑目前集成电路在很大程度上取代分立元件的情况，加入有关集成电路的应用电路。在保证设置一些基础类验证性实验的同时，增加了若干设计性实验项目。本书所编写的实验内容主要在浙江求是有限公司生产的 NEEL-Ⅰ型电工电子教学实验台上进行。

2. 误差分析与数据处理

测量是为了获得真实的数值。但在测量过程中，由于各种原因，测量的结果与期待测量客观真实值之间总存在一定的差别，即测量误差。如何分析测量误差产生的原因，如何采取措施减小误差，使测量结果更加准确等，对实验人员及科技工作者来说是应该了解和掌握的技能。

(1)测量误差的来源

测量误差的来源主要有以下几种：

①仪器误差

此误差是由于仪器在设计制造中的电气或机械性能不完善所产生的误差，根据其误差的大小分为若干等级。

②人为误差

指在测量过程中，由于人的感觉器官和运动器官的限制所引起的误差。

③使用误差

使用误差又称操作误差，是指在仪器使用过程中，因安装、调节、布置、使用不当引起的误差。如500型万用表应该卧放测量，若将其竖立放置进行测量，会引入额外的误差。又如将数字万用表放置在电磁干扰强的仪器上，其误差会远远超出所规定的误差值。

④影响误差

影响误差又称环境误差，是指由于受到温度、湿度、大气压、电磁场、机械振动、声音、光照、放射性等影响所引起的误差。

⑤方法误差

方法误差又称理论误差，是指由于使用的测量方法不完善、理论依据不严密、对某些经典测量方法作了不适当的修改简化所引起的误差，即凡是在测量结果的表达式中没有得到反映的因素，而实际上这些因素又起作用所引起的误差。例如，用电压表测量放大电路中三极管发射结电压时，若直接以电压表示值作测量结果，而不计电压表本身内阻造成的分流影响，就会引起误差。

(2)测量误差的分类

测量误差根据其特点和产生原因一般分为系统误差、随机误差和过失误差。

①系统误差

系统误差是指在规定的测量条件下，对同一量进行多次测量，误差的数值和符号保持不变或者按一定规律变化的误差。例如，用零点不准的电表对物理量进行测量引起的测量误差即为系统误差。

②随机误差

随机误差也称偶然误差。在相同条件下多次测量同一量，误差的大小和正负都不固定，具有偶然性。例如，由于电源电压突然上升引起被测量的测量误差即为随机误差。

③过失误差

过失误差是由于测量者的疏忽或技术不熟练造成的误差，如读数失误、数据记错、计算错误及测量方法不对等。

(3)测量误差的表示方法

测量误差的表示方法分为绝对误差和相对误差。

①绝对误差

如果用 x_0 表示被测量的真值，用 x 表示测量值(标称值)，则绝对误差定义为

$$\Delta x = x - x_0 \tag{2-1-1}$$

绝对误差有单位，可正可负。在实际工作中，经常用更高一级的标准仪器测量被测量，并以此代替真值，假定此测量值为 A，则有

$$\Delta x=x-A \tag{2-1-2}$$

我们将 A 与 x 的差值称为修正值 γ，即

$$\gamma=A-x \tag{2-1-3}$$

显然，修正值就是绝对误差，只是符号相反。例如，用某电压表测量电压，指示值为 1 V，如果修正值为 0.08 V，则被测电压的真值为 1.08 V。这里，我们要注意，绝对误差不能表明测量的精度。

②相对误差

为了表明测量精度，经常采用相对误差。相对误差（用符号 δ 表示）定义为绝对误差 Δx 与被测量真值 x_0 的比值，用百分数表示，即

$$\delta=\frac{\Delta x}{x_0}\times 100\%=\frac{\Delta x}{A}\times 100\% \tag{2-1-4}$$

当实际中不能确定真值时，常用测试仪表的指示值 x 近似代替真值进行计算，即

$$\delta=\frac{\Delta x}{x}\times 100\% \tag{2-1-5}$$

相对误差可正可负，能反映测量的精度，在实际测量中应用广泛。

例如，两电阻 $R_1=10.0\ \Omega$，$R_2=100.0\ \Omega$，绝对误差均为 $\Delta R_1=\Delta R_2=0.1\ \Omega$，我们无法判断哪一个测量更准确。但从相对误差 $\delta_1=\frac{0.1}{10.0}\times 100\%=1\%$，$\delta_2=\frac{0.1}{100.0}\times 100\%=0.1\%$，可以看出后者的准确度更高。

一般测量仪器的准确度常用容许误差表示，它是根据技术条件的要求，规定某一类仪器的误差不应超过的最大范围。所以，容许误差又称最大误差。通常仪器使用说明书所标明的误差，都是指容许误差。

(4)测量结果的数据处理

①有效数字

由于存在误差，所以测量数据总是近似值，它通常由可靠数字和欠准数字两部分组成。例如，由电流表测量得电流为 12.6 mA，这是个近似数，其中 12 是可靠数字，而末位 6 为欠准数字，即为 12.6 三位有效数字。

对有效数字的正确表示，应注意以下几点：

a. 有效数字是指从左边第一个非零的数字开始，直到右边最后一个数字为止的所有数字。例如，测得的频率为 0.032 5 MHz，它是由 3、2、5 三个有效数字组成的频率值，而左边的两个 0 不是有效数字，因而它可以通过单位变换写成 32.5 kHz，这时有效数字仍为三位，最末位的 5 是欠准数字不变。但不能将 0.032 5 MHz 写成 32 500 Hz，因为后者的有效数字为五位，最右边的 0 为欠准数字，两者的意义完全不同。若一定要用 Hz 作为单位，可以将 0.032 5 MHz 写成 3.25×10^4 Hz。

b. 如已知误差，则有效数字的位数应与误差相一致。例如，仪表的误差为 ±0.01 V，测得的电压为 9.373 5 V，其结果应写作 9.37 V。超过仪表的误差值无意义。

c. 当给出误差有单位时，测量数据的单位写法应与其一致。

②数据舍入规则

为使正负舍入误差出现的机会大致相等，现已广泛采用“小于 5 舍，大于 5 入，等于 5 时取偶数”的舍入规则。即

a. 若保留 n 位有效数字，当后面的数值小于第 n 位的 0.5 单位就舍去。如测量得到的示值是 9.374 V，若保留三位有效数字，则最后应写作 9.37 V。

b. 若保留 n 位有效数字，当后面的数值大于第 n 位的 0.5 单位就在第 n 位数字上增加 1。如测量得到的示值是 9.376 V，若保留三位有效数字，则最后应写作 9.38 V。

c. 若保留 n 位有效数字，当后面的数值恰为第 n 位的 0.5 单位，则当第 n 位有效数字为偶数(0,2,4,6,8)时应舍去后面的数字(即末位数值不变)，当第 n 位有效数字为奇数(1,3,5,7,9)时，第 n 位数字应加 1(即将末位凑成偶数)。这样，由于舍入概率相同，当舍入次数足够多时，舍入的误差就会抵消。同时，这种舍入规则，使有效数字的尾数为偶数的机会增多，能被除尽的机会比奇数多，有利于准确计算。如测量得到的示值是 9.375 V，保留三位有效数字，则最后应写作 9.38 V。若测量得到的示值是 9.385 V，保留三位有效数字，则最后仍写作 9.38 V。

③有效数字的运算规则

当测量结果需要进行中间运算时，有效数字的取舍，原则上取决于参与运算的各数中精度最差的那一项。一般应遵循以下规则：

a. 当几个近似值进行加减运算时，在各数中，以小数点后位数最少的那一个数(如无小数点，则为有效位数最少者)为准，其余各数均舍入至比该数多一位，而计算结果所保留的小数点后的位数，应与各数中小数点后位数最少的位数相同。如测量得到的一组电压值分别为：13.5 V、0.652 V、6.78 V，计算它们的电压和时，应写为

$$U=13.5+0.65+6.78=20.9(\mathrm{V}) \tag{2-1-6}$$

b. 进行乘除运算时，在各数中，以有效数字位数最少的那一个数为准，其余各数及积(或商)均舍入到比该数多一位，而与小数点的位置无关。如测量得到的某一电阻上的电压值为 13.54 V，其电阻值为 0.62 kΩ，计算电阻上的电流时，应写为

$$I=\frac{13.5}{0.62}=21.8(\mathrm{mA}) \tag{2-1-7}$$

c. 将数平方或开方后，结果比原数多保留一位。

d. 若计算中有如 e、π、$\sqrt{3}$ 等常数时，可根据具体情况来决定它们应取的位数。

3. 正弦交流信号的测量

正弦交流信号波形及参数如图 2-1-1 所示。

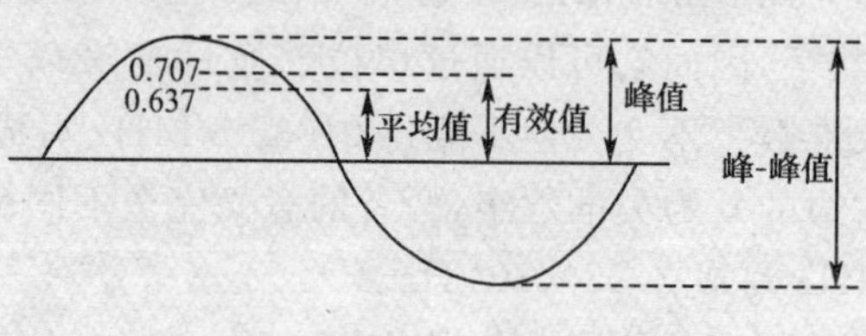

图 2-1-1 正弦交流信号波形及参数

正弦电压的有效值、平均值、峰值及峰-峰值之间彼此有一定关系。已知任一参数，均可计算出其他参数的值。表 2-1-1 列出了平均值(指全波整流平均值)、有效值、峰值、峰-峰值的转换关系。

表 2-1-1 参数换算关系

给定值	换算			
	平均值	有效值	峰值	峰-峰值
平均值	1	1.11	1.57	1.274
有效值	0.9	1	1.414	2.828
峰值	0.637	0.707	1	2
峰-峰值	0.318 5	0.353 5	0.5	1

2.2 电工电子教学实验台简介

NEEL-Ⅰ型电工电子教学实验台总体外观结构如图 2-2-1 所示。

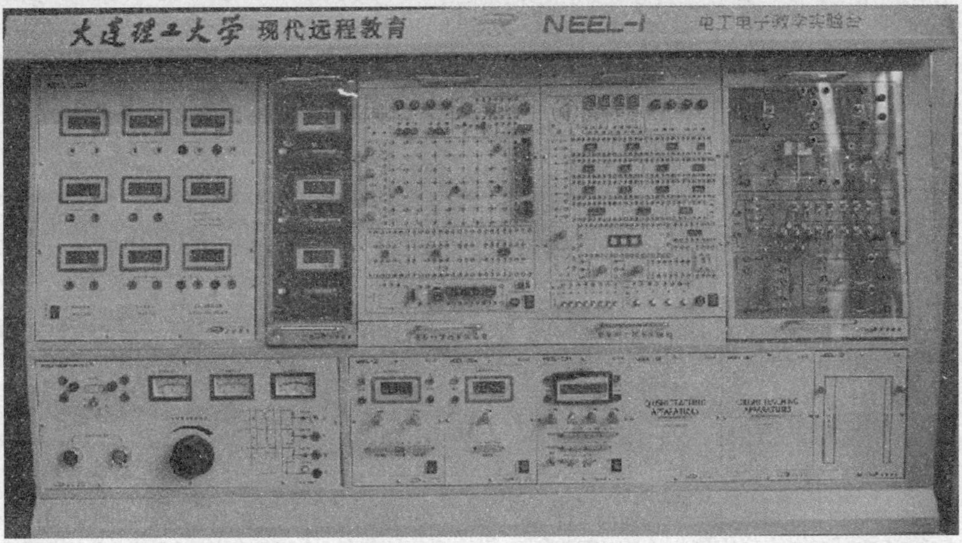

图 2-2-1 NEEL-Ⅰ型电工电子教学实验台

电工电子教学实验台上安放着电工技术实验和电子技术实验用的电源、仪表、实验箱。实验中所要用到的各类仪表和电源基本上采用固定式,实验项目采用组件式,可以根据不同的实验内容进行更换选配。各测量仪表、电源均有过量程和短路保护。强弱电实验导线采用两种不同的实验导线,强电部分采用全塑封闭型安全实验导线,弱电部分采用金属裸露型实验导线,避免了学生操作中被电击的可能,也防止了学生将强电与弱电元件连接而使元件损坏的可能。

1. 电源控制屏

电源控制屏如图 2-2-2 所示,各部分功能说明如下:

(1)主电路断开按钮

按下此按钮,绿灯灭、红灯亮,主电路接触器断开,U、V、W 无电压输出。

(2)主电路接通按钮

按下此按钮,红灯灭、绿灯亮,主电路接触器闭合,U、V、W 输出三相交流电压。

(3)三相调压器

线电压 0～450 V 连续可调,为了保证实验者的安全,电网与三相调压器之间接有漏

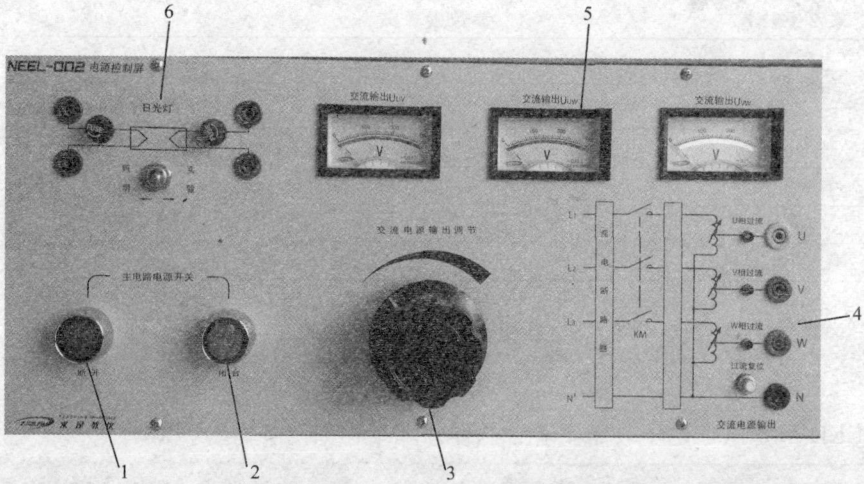

图 2-2-2 电源控制屏

1—主电路断开按钮;2—主电路接通按钮;3—三相调压器;4—三相主电源 U、V、W 输出;5—三相指针式交流电压表;6—日光灯实验电路

电断路器。三相调压器可调节单相或三相电压输出,沿逆时针旋转到底,输出电压最小,改变旋钮位置,即可调节输出交流电源电压的大小。

(4)三相主电源 U、V、W 输出

带有完善的过流保护功能。过流后,红色报警发光二极管亮。当保护装置动作后,只需按下复位按钮,就可重新建立电压。

(5)三相指针式交流电压表

指示交流电源输出的线电压。

(6)日光灯实验电路

当日光灯功能开关拨到左侧时,日光灯接入 220 V 交流电,可作工作台照明用;当拨到右侧时,日光灯的 4 个接线柱引出,可作日光灯实验用。带有两只保险丝座,进行电路的短路保护,一旦发生过流立刻断开电路。

2. 交流表台

交流表台的面板如图 2-2-3 所示。

交流表台为实验提供需要的交流电压表、交流电流表、功率表、功率因数表。上述仪表均为智能型数字仪表,量程可自动也可手动选择,功率表含在控制屏上。

功率表接线时,需注意电压线圈和电流线圈的同名端,避免接错线。

所有仪表具有过压和过流保护、错误接线不会损坏仪表等功能。

3. 直流电压表、电流表和毫安表

本实验台的直流仪表均采用数字式显示,直流电压表面板如图 2-2-4 所示。

电压表量程分为 2 V、20 V、300 V 三挡。

数字式仪表显示的数值为平均值,但由于报警电路是根据输入的最大值来整定的,因而当输入直流脉动电压或电流时,虽然显示未超过量程,但报警线路仍可能工作。

仪表设有过量程保护电路,一旦输入电压超过量程的 5%～10%,仪表报警,同时,报警指示发光二极管发亮。当故障排除后,按下复位按钮,仪表恢复正常工作。

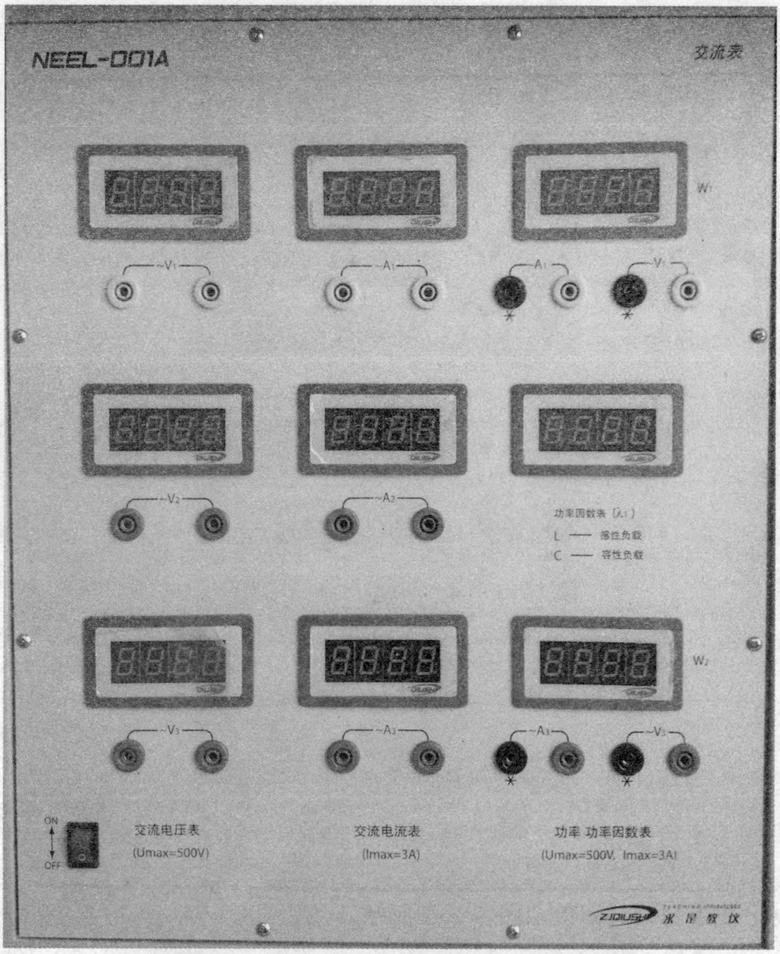

图 2-2-3　交流表台面板图

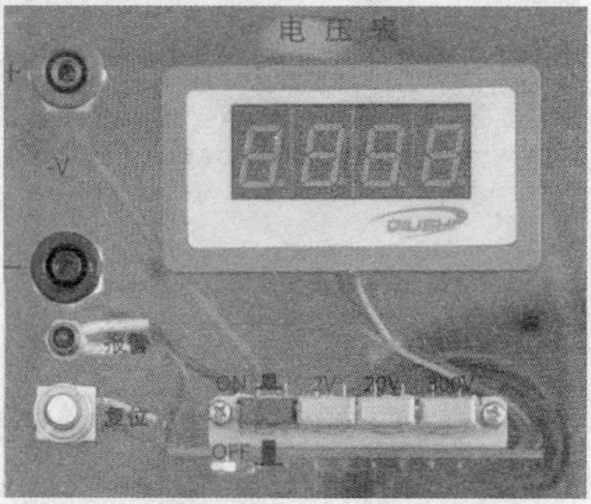

图 2-2-4　直流电压表面板图

直流毫安表和直流安培表的面板如图 2-2-5、图 2-2-6 所示。

毫安表量程分为 2 mA、20 mA、200 mA 三挡。

安培表量程分为 2 A、5 A 两挡。

图 2-2-5 直流毫安表面板图

图 2-2-6 直流安培表面板图

4. 模拟电子技术实验箱

模拟电子技术实验箱面板如图 2-2-7 所示。

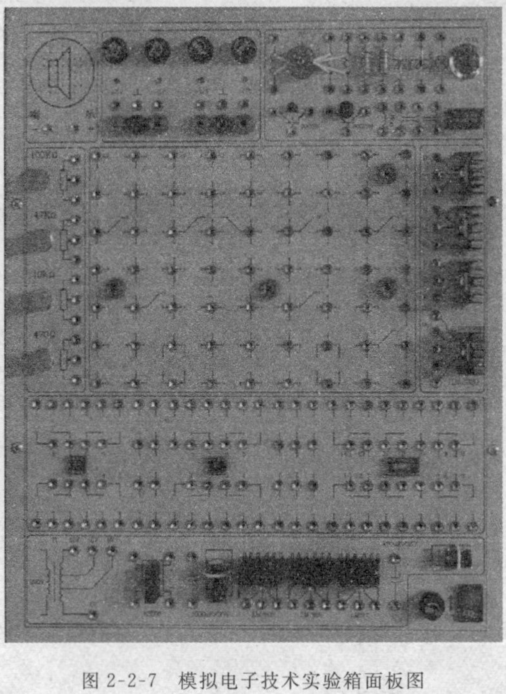

图 2-2-7 模拟电子技术实验箱面板图

EEL-07 型模拟电子技术实验箱主要由以下几部分组成：

(1)直流供电区

直流供电区如图 2-2-8 所示，为实验箱提供±5 V、±12 V 四路直流稳压电源。带有 4 只保险丝座，进行电路的短路保护，一旦发生过流立刻断开电路。

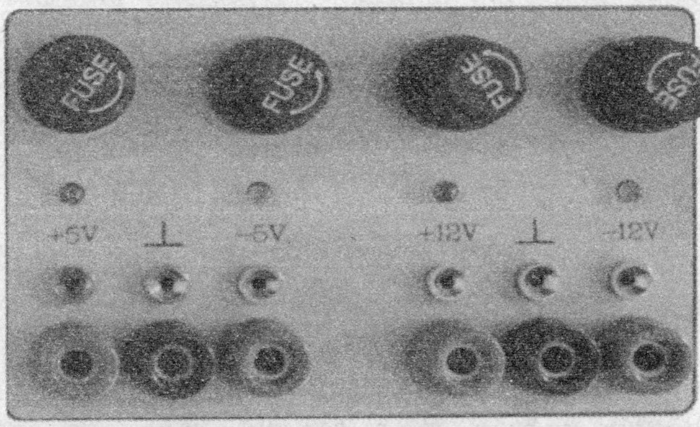

图 2-2-8 直流供电区

(2)元件配置区

元件配置区如图 2-2-9 所示。

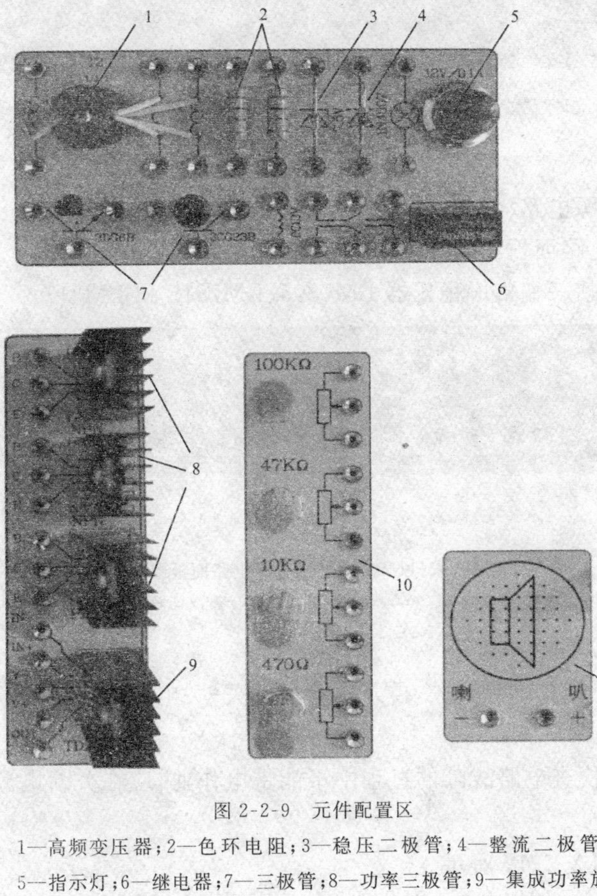

图 2-2-9 元件配置区

1—高频变压器；2—色环电阻；3—稳压二极管；4—整流二极管；5—指示灯；6—继电器；7—三极管；8—功率三极管；9—集成功率放大器；10—电位器；11—蜂鸣器

(3)布线区

布线区面板如图 2-2-10 所示，用来插接元件和导线，搭建实验电路。其结构及导电机制为：布线区面板以大插孔为主，其周围以十字相连的小插孔相结合，构成接点的连接形式，每个大插孔与它周围的小插孔都是相通的。

配有 2 只 8 脚集成电路插孔和 1 只 14 脚集成电路插孔。

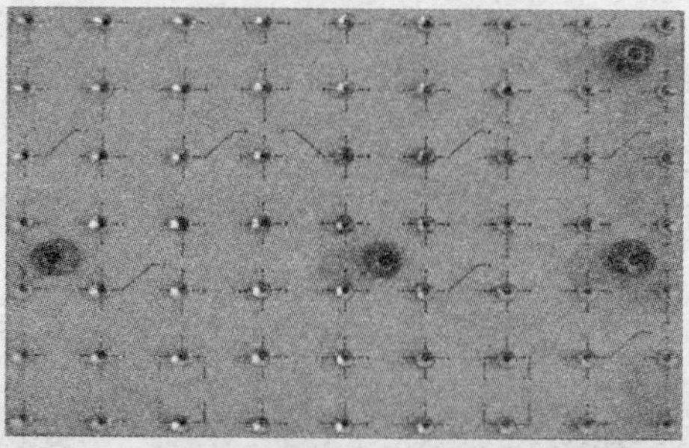

(a) 布线区十字插孔

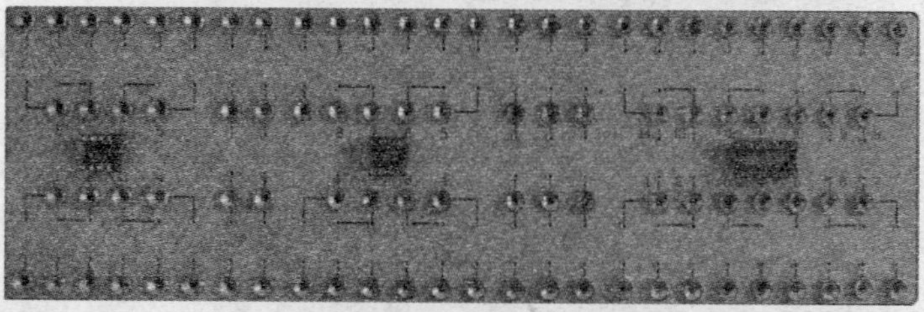

(b) 集成电路插孔

图 2-2-10 布线区面板图

(4)直流稳压电源电路

直流稳压电源电路面板如图 2-2-11 所示。其中，变压器可提供 9 V、15 V、18 V 的交流电压，稳压器包括三端集成稳压器 LM7805、LM7815 和 LM317。

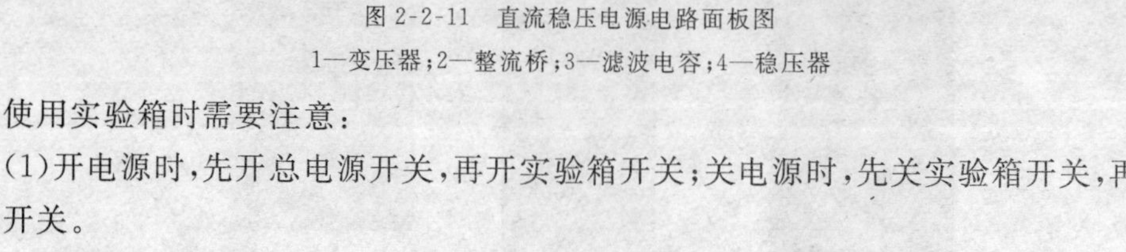

图 2-2-11 直流稳压电源电路面板图

1—变压器；2—整流桥；3—滤波电容；4—稳压器

使用实验箱时需要注意：

(1)开电源时，先开总电源开关，再开实验箱开关；关电源时，先关实验箱开关，再关总电源开关。

(2)安装电路和检查电路故障的过程中不能带电作业，应在关断电源的情况下操作。

5. 电压源

电压源面板如图 2-2-12 所示。

本电压源为双路输出电压源，其输出电压调节范围为 0～30 V，带三位半数字监视电

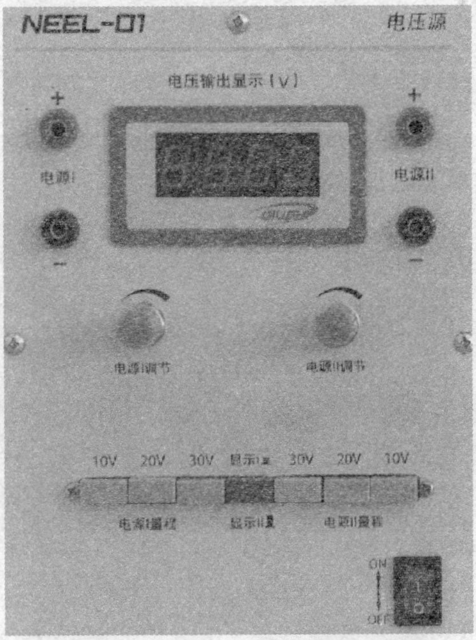

图 2-2-12　电压源面板图

压表，其电压输出端子只能输出电压，不能作为测试端输入电压。电压调节电位器顺时针旋转，电压逐渐提高。量程分为 10 V、20 V、30 V 三挡。

6. 信号源

信号源面板如图 2-2-13 所示。

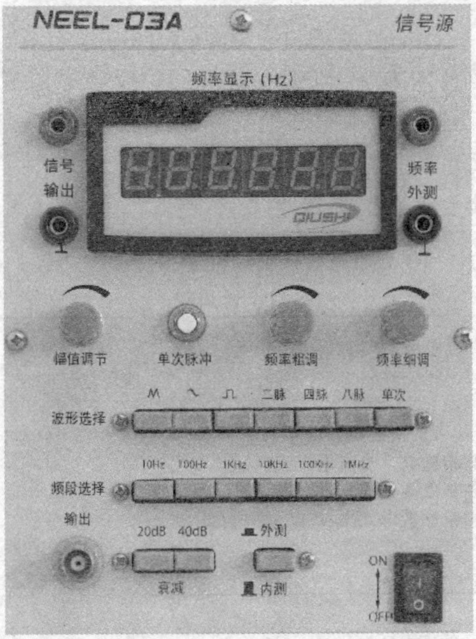

图 2-2-13　信号源面板图

信号源的主要技术特性如下：

(1)输出波形：三角波、正弦波、方波、二脉、四脉、八脉、单次脉冲信号；

(2)输出频率范围:10 Hz～1 MHz 连续可调;

(3)幅值调节范围:0～10 $U_{P\text{-}P}$连续可调;

(4)波形衰减:20 dB、40 dB;

(5)带有六位数字频率计,既可作为信号源的输出监视仪表,也可作为外测频率计。

注意:信号源输出端不能短路。

7.电流源

电流源面板如图 2-2-14 所示。

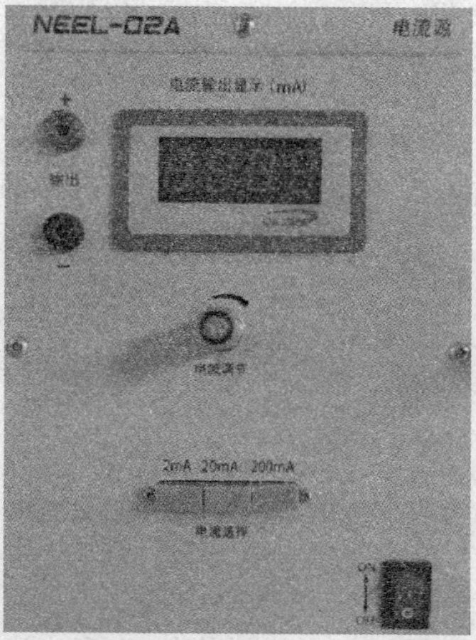

图 2-2-14 电流源面板图

电流源输出电流调节范围为 0～200 mA,带三位半数显监视输出电流。其电流输出显示只能供本装置使用,不能用于测量其他支路的电流。电流调节电位器顺时针旋转,电流逐渐增大。量程分为 2 mA、20 mA、200 mA 三挡。

8.电工电子教学实验台设备配置清单

实验设备目录见表 2-2-1。

表 2-2-1 实验设备目录

序号	名称	型号
1	控制屏: (1)单相、三相可调交流电源 (2)微机式高精度数字交流电压表 (3)微机式高精度数字交流电流表 (4)微机式高精度数字功率表、功率因数表 (5)日光灯	NEEL-001A NEEL-002
2	电压源	NEEL-01
3	电流源	NEEL-02A
4	信号源	NEEL-03A

表 2-2-1　（续表）

序号	名称	型号
5	互感线圈	NEEL-12
6	实验桌	
7	数字直流电压表、毫安表、安培表	NEEL-06
8	单相、三相交流电路挂箱	NEEL-17
9	元件挂箱(十进制电阻、电容、电感等)	NEEL-23
10	电路原理实验箱	NEEL-24B
11	模拟电子技术实验箱	EEL-07
12	数字电子技术实验箱	EEL-08
13	继电接触控制箱(一)	NEEL-10
14	三相异步电机	M14
15	高可靠连接插头和导线、配件	

9. 操作步骤

(1)通电步骤

①合上漏电保护开关。

②把日光灯开关打到照明，看到日光灯被点亮。

③断开指示灯亮。控制屏上所有单项电源插孔有交流 220 V 电压输出，这时，将三相交流电压表、三相交流电流表的电源开关打向 ON 处，若打开控制屏上所挂挂箱的电源，上面的表头在漏电的情况下会有显示或指示。

④将三相调压器旋钮左旋到底，按下闭合按钮，听到继电器吸合声，断开按钮指示灯灭，闭合按钮指示灯亮，顺时针调节调压器旋钮，则 3 只指针表将会有相同幅值的电压输出，用万用表测量，U、V、W、N 将会有相电压显示。

(2)实验步骤

①根据实验内容和实验线路，接好线路并检查无误后，再按上述步骤给实验台通电。

②当发生电路报警或换做实验内容时，一定要将交流电源调节到零，待一切准备就绪后，重新从零开始调节交流电源。

③仪表使用时注意量程选择，随时注意报警信号。

(3)断电步骤

断电步骤应当与通电步骤正好相反。

①按下断开按钮，断开指示灯亮，将所有实验挂箱及仪表电源开关打向 OFF 处，关闭日光灯。

②断开漏电保护开关。

2.3　常用电子仪器的使用

1. 实验目的

(1)了解模拟电子技术实验箱的主要功能及使用方法。

(2)掌握数字万用表的主要功能及使用方法。

(3)掌握 TDS1002 型数字存储示波器和信号源的使用方法。

2. 预习要点

(1)阅读常用电子仪器的使用实验原理、实验内容、附录部分内容。

(2)正弦交流信号的峰-峰值与有效值是什么关系？周期和频率是什么关系？

3. 实验原理

在模拟电子线路实验中，经常使用的电子仪器有模拟电子技术实验箱、信号源、数字万用表以及数字存储示波器等。使用这些仪器可以完成对模拟电子线路的静态和动态工作情况的测试。

实验中要对各种电子仪器进行综合使用，可按照信号流向，以连线简捷、调节顺手、观察与读数方便等原则进行合理布局，实验仪器与被测装置连接示意图如图 2-3-1 所示。

接线时应注意，为防止外界干扰，各仪器的公共接地端应连接在一起，称“共地”。信号源的引线通常用屏蔽线或专用电缆线，示波器接线使用专用电缆线，直流稳压电源的接线使用普通导线。

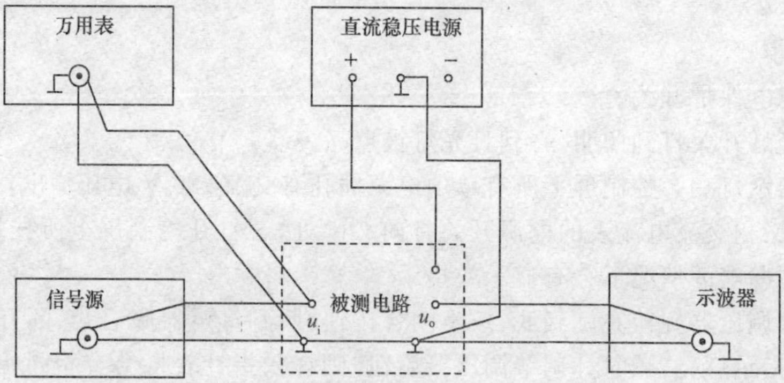

图 2-3-1 实验仪器与被测装置连线示意图

(1)数字万用表

VC980+型数字万用表可以测量直流电压和交流电压、直流电流和交流电流、电阻、电容、二极管、三极管等电信号和元件参数，其外观如图 2-3-2 所示。

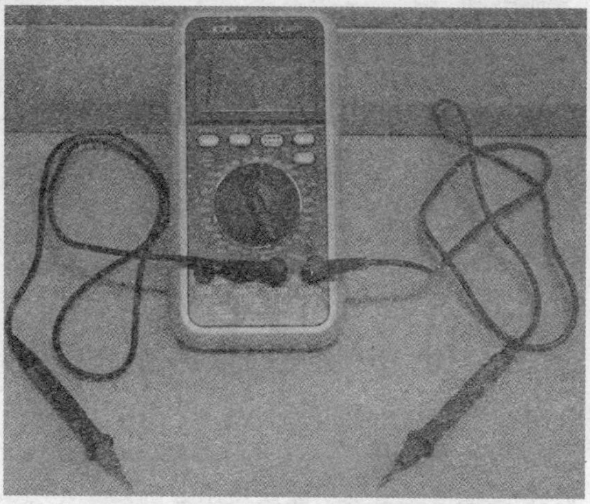

图 2-3-2 VC980+型数字万用表外观图

其操作面板说明如下：

①液晶显示屏(图 2-3-3)

图 2-3-3　液晶显示屏

②功能按钮(图 2-3-4)

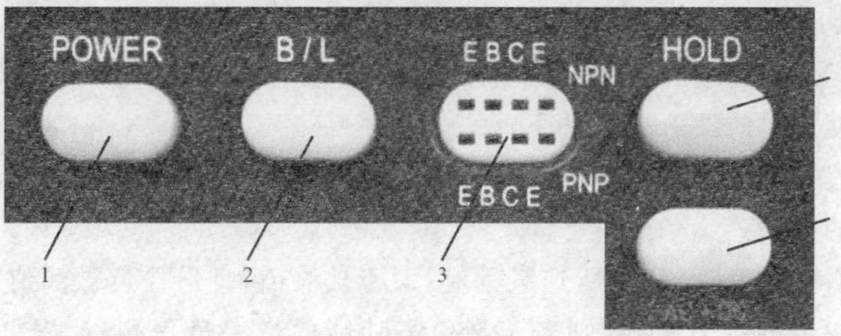

图 2-3-4　功能按钮

1—电源开关；2—背光开关；3—h_{FE}测试插孔；4—保持开关；5—AC+DC 开关

a. 电源开关：启动及关闭电源；

b. 背光开关：启动及关闭背光源；

c. h_{FE}测试插孔：用于测量三极管的直流电流放大系数；

d. 保持开关：按下此开关，仪表当前所测数值在液晶显示屏上保持稳定显示状态，并出现“HOLD”符号，再次按下，“HOLD”符号消失，退出保持功能状态；

e. AC+DC 开关：用于测量带有直流偏置的交流电压或电流。

③功能选择开关(图 2-3-5)

功能选择开关用于选择测量功能及量程。

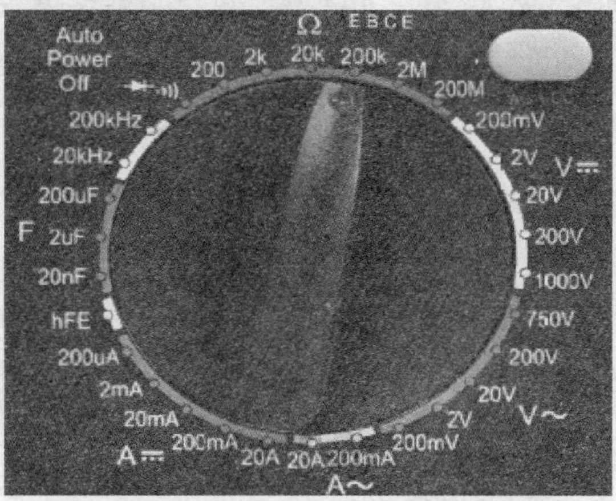

图 2-3-5　功能选择开关

④表笔插孔(图 2-3-6)

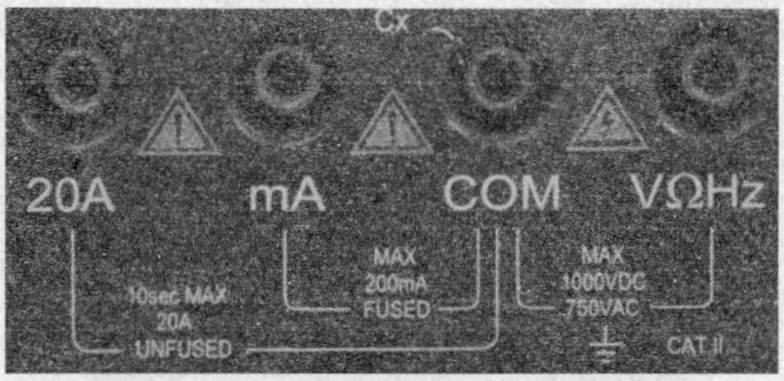

图 2-3-6 表笔插孔

a. 20 A：20 A 测试插孔；

b. mA：小于 200 mA 电流、电容测试插孔；

c. COM：公共地；

d. VΩHz：电压、电阻、频率以及通断测试插孔。

数字万用表使用时的注意事项如下：

①使用万用表进行测量时，应先确定所需测量的功能和量程。

②确定量程的原则：

a. 若已知被测参数大致范围，所选量程应"大于被测值，且最接近被测值"。

b. 如果被测参数的范围未知，则先选择所需功能的最大量程测量，根据初测结果逐步把量程下调到最接近于被测值的量程，以便测量出更加准确的数值。

③如屏幕显示"1"，表明已超过量程范围，需将量程开关转至相应挡位上。

(2)示波器

示波器是利用电子束扫描，将信号的幅度随时间的变化关系显示在平面坐标中，通常用 X 轴代表时间(称为时基轴)，Y 轴代表电压幅度，由此可测出信号的一系列参数，如幅度、周期、相位等，是一个多功能综合性的测量仪器。

TDS1002 型数字存储示波器外观如图 2-3-7 所示。

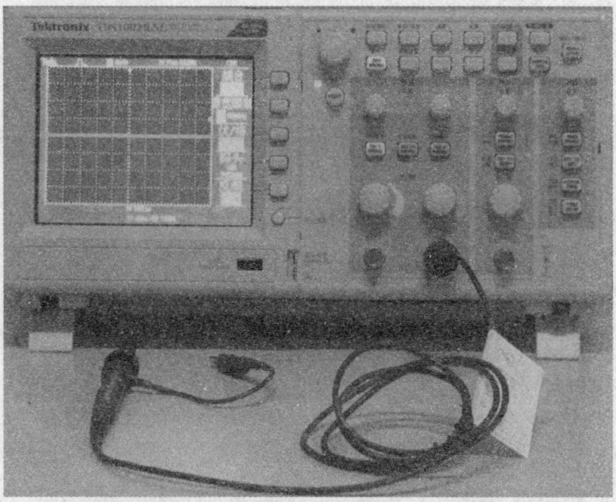

图 2-3-7 TDS1002 型数字存储示波器外观图

①主要技术特性

a. 具有 60 MHz 带宽，并具有 20 MHz 可选带宽限制；

b. 两个通道，具有取样 1.0 GS/s 速度，每个通道 2 500 点记录长度；

c. 自动测量功能可以测量并显示出信号的 11 种测量类型；

d. 具有自动设置、自动量程、设置和波形储存功能；

e. 有波形平均和峰值检测功能；

f. 探头检查向导；

g. 具有带读数的光标和触发频率读数功能；

h. 具有脉冲宽度触发、行可选触发的视频触发功能；

i. USB 闪存驱动器端口；

j. 通过可选的 TEK-USB-488 适配器连接到 GPIB 控制器。

②前面板说明

前面板主要包括液晶显示屏和各种功能按钮。

a. 菜单和控件按钮(图 2-3-8)

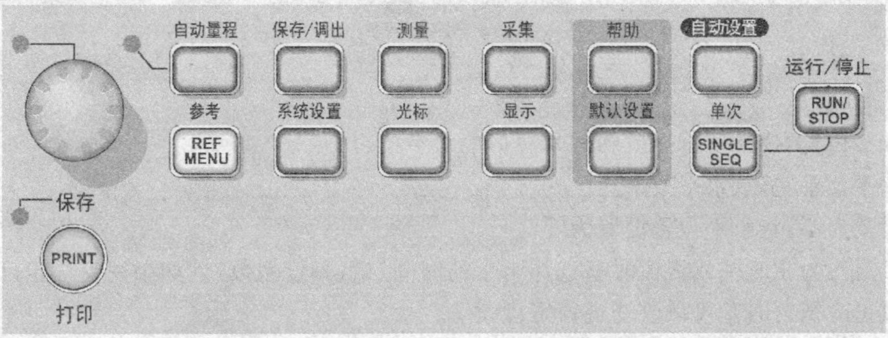

图 2-3-8 菜单和控件按钮

多用途旋钮：通过显示的菜单或选定的菜单选项来确定功能。激活时，旁边的 LED 变亮。

自动量程：显示“自动量程”菜单，激活或禁用自动量程功能。

保存/调出：显示设置波形的“保存/调出”菜单。

测量：显示“测量”菜单。

采集：显示“采集”菜单。

参考：显示“参考”菜单以快速显示或隐藏存储在示波器非易失性存储器中的参考波形。

系统设置：显示“系统设置”菜单。

光标：显示“光标”菜单。离开“光标”菜单后，光标保持可见(除非“类型”选项设置为“关闭”)，但不可调整。

显示：显示“显示”菜单。

帮助：显示“帮助”菜单。

自动设置：自动设置示波器控制状态，以产生适用于输出信号的显示图形。

单次：采集单个波形，然后停止。

运行/停止:连续采集波形或停止采集。

打印:启动打印到 PictBridge 兼容打印机的操作,或执行"保存"到 USB 闪存驱动器。

保存:LED 变亮表明"打印"按钮被配置为将数据存储到 USB 闪存驱动器。

b. 水平控件(图 2-3-9)

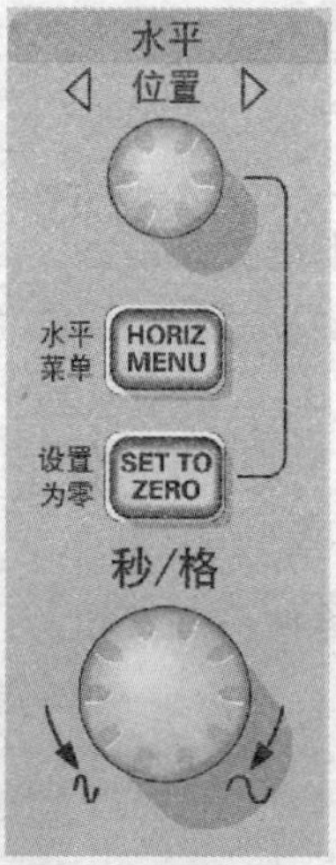

图 2-3-9 水平控件

水平位置:调整所有通道和数学波形的水平位置。

水平菜单:显示水平菜单。

设置为零:将水平位置设置为零。

秒/格:为主时基或视窗时基选择水平的时间/格(刻度系数)。如果视窗设定已启用,则通过更改视窗时基可以改变视窗宽度。

c. 垂直控件(图 2-3-10)

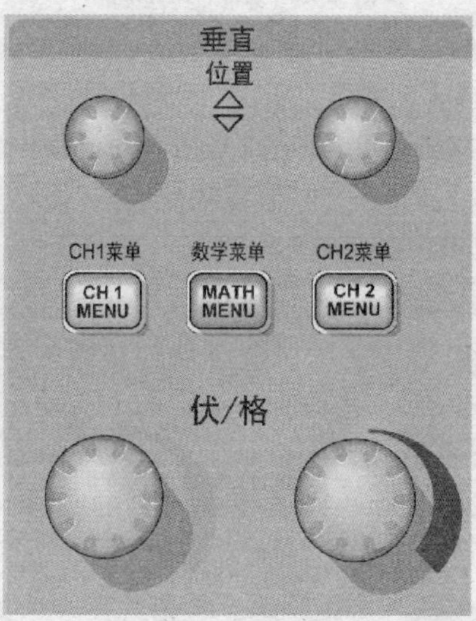

图 2-3-10 垂直控件

垂直位置:可垂直定位波形。

CH_1 菜单、CH_2 菜单:显示"垂直"菜单选择项并打开或关闭通道。

数学菜单：显示波形数学运算菜单，打开和关闭对数学波形的显示。

伏/格：选择垂直刻度系数。

d. 触发控件(图 2-3-11)

图 2-3-11　触发控件

触发电平：使用边沿触发或脉冲触发时，“触发电平”旋钮设置采集波形时信号所必须越过的幅值电平。

触发菜单：显示触发菜单。

设为 50%：触发电平设置为触发信号峰值的垂直中点。

强制触发：不管触发信号是否得当，都完成采集。如采集已停止，则该按钮不产生影响。

触发信号显示：按下“触发信号显示”按钮时，显示触发波形而不是通道波形。

e. 输入连接器(图 2-3-12)

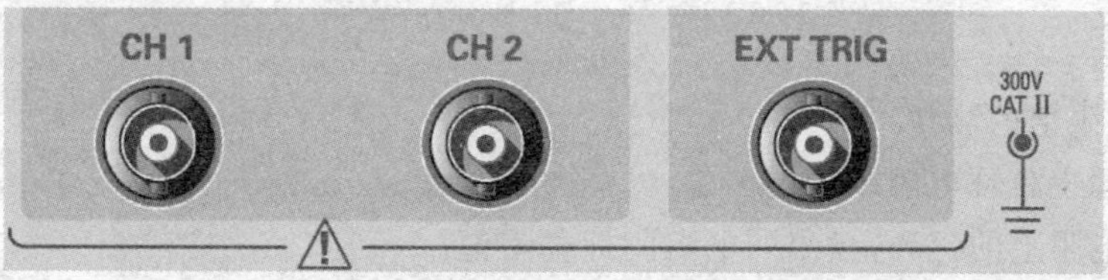

图 2-3-12　输入连接器

CH_1、CH_2：用于显示波形的输入连接器。

EXT TRIG：外部触发信源的输入连接器。

f. 其他前面板项(图 2-3-13)

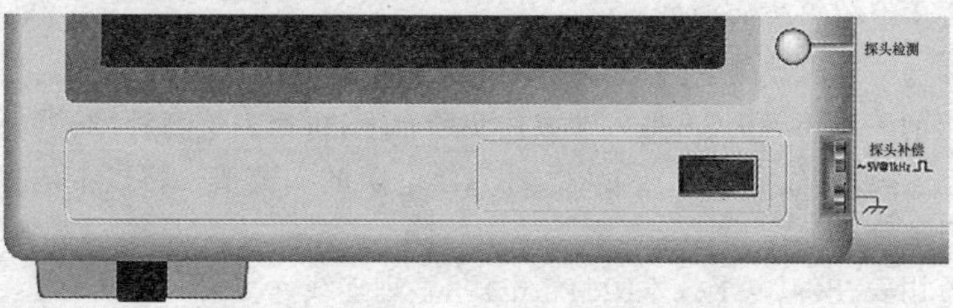

图 2-3-13　其他前面板项

USB闪存驱动器端口:插入USB闪存驱动器以存储数据或检索数据。

探头补偿:探头补偿输出及底座基准。用于将电压探头与示波器输入电路进行电气匹配。

③操作功能

操作示波器时,应熟悉可能经常用到的功能:自动设置和测量。

a.使用自动设置

每次按"自动设置"按钮,自动设置功能都会获得稳定显示的波形。它可以自动调整垂直刻度、水平刻度和触发设置。

b.进行自动测量

按下"测量"按钮可以进行自动测量。共有11种测量类型。一次最多可显示5种。

按下顶部的"选项"按钮可以显示"测量1"菜单。可以在"信源"中选择测量的通道。可以在"类型"中选择测量的类型。

测量类型有:频率、周期、平均值、峰-峰值、均方根值、最小值、最大值、上升时间、下降时间、正频宽、负频宽。

4.实验仪器与器件

实验仪器与器件见表2-3-1。

表2-3-1 实验仪器与器件

序号	名称	型号	数量
1	模拟电子技术实验箱	EEL-07	1台
2	信号源	NEEL-03A	1台
3	数字万用表	VC980+	1块
4	数字存储示波器	TDS1002	1台
5	电阻		若干

5.实验内容

(1)电阻阻值的测量

①实验箱上色环电阻阻值的测量

a.根据电阻上的色环,读出两电阻的标称阻值。

b.开启万用表电源,并按被测电阻的标称阻值选定所需Ω量程。

c.万用表的两表笔跨接在电阻上,读数并填入表2-3-2中。

d.重复上述操作,分别测出两个色环电阻的实测值。将以上测得数据填入表2-3-2中,并记录量程。

②元件盒中电阻阻值的测量

a.从元件盒中取出被测电阻,根据被测电阻的标称阻值选择所需Ω量程。

b.将电阻的一端用手固定,另一端放在实验台上,再用表笔测量。

c.重复上述操作,分别测出5.1 kΩ、20 kΩ电阻的实测值。将以上测得数据填入表2-3-2中,并记录量程。

d.关闭万用表、模拟电子技术实验箱电源,整理连线。

表 2-3-2 电阻阻值测量数据

元件位置	实验箱		元件盒	
标称阻值	100 Ω	200 Ω	5.1 kΩ	20 kΩ
实测值				
Ω量程				

(2)直流电压和交流电压的测量

先开启实验台总电源开关,然后接通模拟电子技术实验箱开关。

①+5 V、−12 V 直流电压的测量

a. 开启万用表电源,并按被测电源的标称电压值选择所需 DCV 量程。

b. 将万用表的黑表笔接地 GND 端,红表笔接被测端,读数并填入表 2-3-3 中。

c. 重复上述操作,分别测出+5 V、−12 V 直流电压的实测值。将以上测得数据填入表 2-3-3 中,并记录量程。

②9 V、15 V 交流电压的测量

a. 根据被测电压的标称电压值选择所需 ACV 量程。

b. 将万用表任意一支表笔插到被测电压端,另一支表笔接到同组线圈的"0"端,测取数据。

c. 重复上述操作,分别测出 9 V 、15 V 交流电压的实测值。将以上测得数据填入表 2-3-3 中,并记录量程。

d. 关闭万用表、模拟电子技术实验箱电源,整理连线。

表 2-3-3 电压测量数据

测试内容	直流电压 DCV		交流电压 ACV	
标称电压值	+5 V	−12 V	9 V	15 V
实测值				
量程				

(3)测量 9 V 交流电压的波形及参数

①先用两根导线将 9 V 交流电压的两端引出,将示波器"1"通道探头两端连到导线上。

②开启模拟电子技术实验箱、示波器电源。

③按下示波器"自动设置"按钮,观察被测电压波形。

④按下示波器"测量"按钮,选择 CH_1 信道,依次读出 9 V 交流电压的均方根值、频率、周期以及峰-峰值。将测得数据填入表 2-3-4 中。

⑤关闭示波器、模拟电子技术实验箱电源,整理连线。

表 2-3-4 9 V 交流电压测量数据

被测项	有效值 (均方根值)	频率	周期	峰-峰值
额定值	9 V	50 Hz	20 ms	25.46 V
实测值				

(4)测量信号源输出信号的波形及参数

①将两根导线分别插入布线区中两个不导通的插孔,将信号源输出端子分别连到两

根导线的另一端。

②开启信号源电源,将信号源输出参数设置为有效值 600 mV、频率 1 kHz 的正弦波信号。

③将示波器"1"通道探头两端接到信号源输出端(其中鳄鱼夹接地 GND 端,探针接信号端)。

④打开示波器电源。按下"自动设置"按钮,观察信号源输出信号的波形。

⑤依次读出所测正弦信号的均方根值、频率、周期以及峰-峰值。将测得数据填入表 2-3-5 中。

⑥关闭示波器、模拟电子技术实验箱电源,整理连线。

表 2-3-5　　信号源输出信号测试数据

信号源输出信号		实测值			
频率	有效值	有效值(均方根值)	频率	周期	峰-峰值
1 kHz	600 mV				

6. 思考题

(1)使用数字万用表时,如果已知被测参数的大致范围,量程应如何选定?

(2)使用 TDS1002 型数字存储示波器时,按什么功能键可以使波形显示得更便于观测?

2.4　晶体管共射极单管放大器

1. 实验目的

(1)掌握单管放大电路静态工作点的测量方法。

(2)掌握单管放大电路交流放大倍数的测量方法。

(3)了解放大电路的静态工作点对动态特性的影响。

(4)熟悉常用电子仪器及实验台的使用。

2. 预习要点

(1)复习有关单管放大电路工作点稳定问题的内容。

(2)单管放大电路输出信号波形在哪些情况下可能会失真?应如何消除失真?

3. 实验原理

晶体管共射极单管放大器实验电路如图 2-4-1 所示。我们所说的放大器,通常都是指放大各种频率的正弦信号,其信号的特点是极性和幅度都随时间的变化做周期性的变化。信号的电压 u_i 是一个纯粹的交流信号(不含有直流成分),且幅度也非常小,一般都在几百毫伏以下,甚至是微伏级的。

单管放大电路在工作时,必须设置合适的静态工作点(Q 点),让三极管工作于放大区,才能对小信号进行不失真放大。调整静态工作点通常是改变放大电路的上偏置电阻。上偏置电阻阻值是否合适,以三极管集电极的对地电压值为判定标准,一般让集电极电位处于电源电压的一半或根据特定要求确定。

温度的变化会导致三极管的性能发生变化,致使放大器的工作点发生变化,影响放大器的正常工作。图 2-4-1 所示电路中通过增加下偏置电阻 R_{B2} 和射极电阻 R_E 来改善直

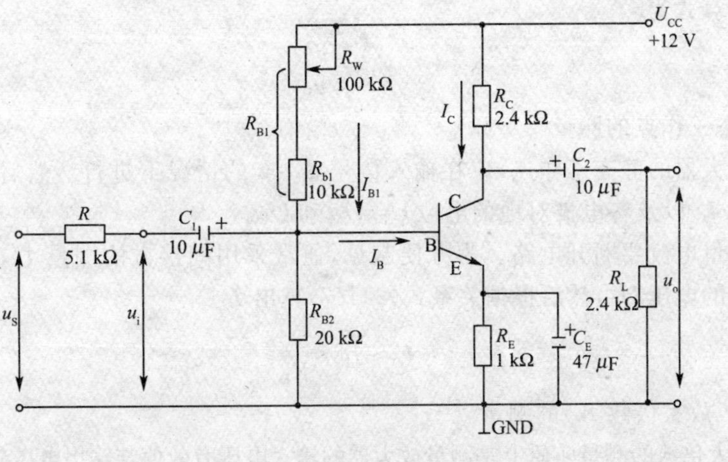

图 2-4-1　分压偏置共射极放大电路图

流工作点的稳定性，其工作原理如下：

①利用 R_{B1} 和 R_{B2} 的分压作用固定基极电压 U_B。

当 R_{B1}、R_{B2} 选择适当，满足 $I_{B1} \gg I_B$ 时，有

$$U_B = \frac{R_{B2}}{R_{B1}+R_{B2}} U_{CC} \tag{2-4-1}$$

式中 R_{B1}、R_{B2} 和 U_{CC} 都是固定的，不随温度变化，所以基极电位 U_B 基本上为一定值。

②通过 R_E 的负反馈作用，限制 I_C 的改变，使工作点保持稳定。

具体稳定过程如下：

$$T\ ℃ \uparrow \rightarrow I_C \uparrow \rightarrow I_E \uparrow \rightarrow U_E \uparrow \rightarrow U_{BE} \uparrow \rightarrow I_B \uparrow \rightarrow I_C \downarrow$$

电容 C_1、C_2 有隔直通交的作用，C_1 滤除输入信号的直流成分，C_2 滤除输出信号的直流成分。

射极旁路电容 C_E 在静态呈开路状态，R_E 起稳定工作点的作用；动态时将 R_E 短路，从而消除 R_E 对交流增益的影响。

当流过上偏置电阻 R_{B1} 的电流 I_{B1} 远大于基极电流 I_B（一般为 5～10 倍），基极电压 U_B 远大于 U_{BE} 时，它的静态工作点可用下面的式子估算：

$$U_B = \frac{R_{B2}}{R_{B1}+R_{B2}} U_{CC} \tag{2-4-2}$$

$$I_C \approx I_E = \frac{U_B - U_{BE}}{R_E} \tag{2-4-3}$$

$$U_{CE} = U_{CC} - I_C(R_C + R_E) \tag{2-4-4}$$

当放大器的输入端加交流输入信号 u_i 后，基极回路便有交流输入 i_B 产生，经过晶体管的电流放大作用，在集电极回路产生一个 $i_C = \beta i_B$，即 i_B 被放大了 β 倍，同时在负载输出 $u_o = i_C R'_L$，从而实现了电压放大。

电压放大倍数的理论估算公式为

$$A_u = -\frac{\beta R'_L}{r_{BE}} \tag{2-4-5}$$

实测计算式为

$$A_u = \frac{u_o}{u_i} \tag{2-4-6}$$

(1)静态工作点的测量

测量放大器的静态工作点，应在输入信号 $u_i=0$ 的情况下进行。然后测量晶体管的集电极电流 I_C 以及各电极对地的电位 U_B、U_C 和 U_E。

由于测量电流要断开电路。为方便起见，通常采用间接方法测量 I_C，即先测出晶体管射极对地的电压 U_E，然后根据关系式(2-4-7)算出 I_C。

$$I_C \approx I_E = \frac{U_E}{R_E} \tag{2-4-7}$$

(2)电压放大倍数 A_u 的测量

电压放大倍数的测量实质上是测量放大器的输入电压有效值与输出电压有效值。具体方法为:在输出波形不失真的情况下，测量输入电压有效值，并测量相应的输出电压有效值。

调整放大器到合适的静态工作点，然后加入有效值为 U_i 的输入电压 u_i，在输出电压 u_o 不失真的情况下，测出 u_o 的有效值 U_o，则

$$A_u = \frac{U_o}{U_i} \tag{2-4-8}$$

(3)静态工作点的调试

静态工作点是否合适，对放大器的性能和输出波形都有很大影响。工作点偏高，放大器在加入交流信号以后易产生饱和失真，此时 u_o 的负半周将被削底，如图 2-4-2 所示。

工作点偏低则易产生截止失真，即 u_o 的正半周被缩顶，如图 2-4-3 所示。

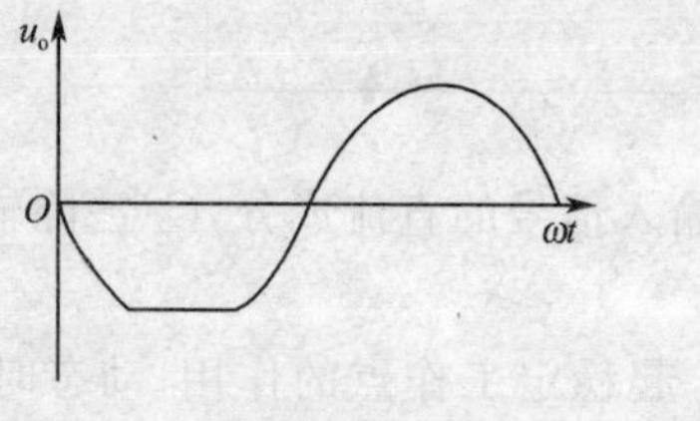

图 2-4-2 工作点偏高时的输出波形

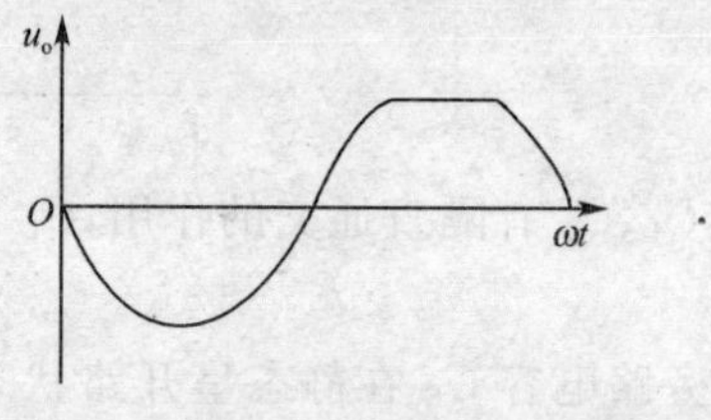

图 2-4-3 工作点偏低时的输出波形

改变电路参数 U_{CC}、R_C、R_{B1}、R_{B2}、R_E 都会引起静态工作点的变化。在实际工作中，一般是通过改变上偏置电阻 R_{B1}(调节电位器 R_W)调节静态工作点的。R_W 调大，工作点降低(I_C 减小);R_W 调小，工作点升高(I_C 增大)。

4. 实验仪器与器件

实验仪器与器件见表 2-4-1。

表 2-4-1 实验仪器与器件

序号	名称	型号	数量
1	模拟电子技术实验箱	EEL-07	1台
2	信号源	NEEL-03A	1台
3	数字万用表	VC980+	1块
4	数字存储示波器	TDS1002	1台
5	三极管	S9011	1个
6	电阻、电容		若干

5. 实验内容

(1)静态工作点的测试

①检查电路确认无误后,接通+12 V 电源(输入端暂不提供信号,即 $u_i=0$)。

②调节 R_W,使 $I_C=2$ mA,即 $U_E=2$ V。

③用数字万用表测量 U_E、U_B、U_C 及 U_{CE},记入表 2-4-2 中。

表 2-4-2　$I_C=2$ mA 时静态工作点测试数据

测试项	U_E(V)	U_B(V)	U_C(V)	U_{CE}(V)
计算值				
实测值	2			

(2)交流放大倍数的测试

①在放大器输入端加入频率为 1 kHz 的正弦信号 u_S,调节信号源的幅度参数,使$U_i=10$ mV。

②接通+12 V 直流电源,用示波器观察放大器输出电压 u_o 的波形,在波形不失真的条件下,读出其有效值 U_o。

③根据实测结果计算出交流电压放大倍数 A_u,把结果记入表 2-4-3 中。

表 2-4-3　交流放大倍数测试数据

U_i(mV)	U_o(mV)	$A_u=U_o/U_i$
10		

(3)动态失真的测试

调节信号源的输出旋钮,使 $U_i=40$ mV。

①关断信号源电源($u_i=0$),调节 R_W,使其阻值达到最大值,用数字万用表测量 U_E、U_C 及 U_{CE}。开启信号源电源,观察示波器的显示波形;

②关断信号源电源($u_i=0$),调节 R_W,使其阻值接近于 0,用数字万用表测量 U_E、U_C 及 U_{CE}。开启信号源电源,观察示波器的显示波形。

将两种测试条件下测得的数据及相应输出波形的失真情况填入表 2-4-4 中。

表 2-4-4　动态失真测试数据

测试条件	U_E(V)	U_C(V)	U_{CE}(V)	输出波形失真情况
R_W 最大				
R_W 接近于 0				

6. 思考题

(1)哪些电路参数会影响电路的静态工作点?实际工作中,一般采取什么措施来调整静态工作点?

(2)静态工作点设置是否合适,对放大器的输出波形有何影响?

2.5　集成运算放大器的线性应用

1. 实验目的

(1)熟悉集成运算放大器的使用方法,进一步了解其主要特性参数意义。

(2)掌握由集成运算放大器构成的各种基本运算电路的调试和测量方法。

(3)了解集成运算放大器在实际应用时应注意的一些问题。

2. 预习要点

(1)复习集成运算放大器线性应用的内容。

(2)在由集成运算放大器组成的各种运算电路中，为什么要进行调零?

3. 实验原理

(1)集成运算放大器

集成运算放大器是一种高放大倍数、高输入阻抗、低输出阻抗的直接耦合多级放大器，具有两个输入端和一个输出端，可对直流信号和交流信号进行放大。集成运算放大器的主要特性参数有：输入失调电压 U_{IO}；输入失调电流 I_{IO}；开环电压增益 A_{uo}；共模抑制比 CMR；共模输入电压范围 U_{CM}；输出电压最大动态范围 U_{OPP} 等。

本实验采用的集成运算放大器型号为 HA17741，引脚排列如图 2-5-1 所示。它是八脚双列直插式组件，②脚和③脚为反相和同相输入端，⑥脚为输出端，⑦脚和④脚为正负电源端，①脚和⑤脚为失调调零端，⑧脚为空脚。①脚、⑤脚之间可接入一只几十 kΩ 的电位器，并将滑动触头接到负电源端，用以实现调零作用。

为了补偿集成运算放大器自身失调量的影响，提高运算精度，在运算前，应首先对集成运算放大器进行调零，即保证输入为零时，输出也为零。图 2-5-2 是调零电位器连接示意图，使用时必须正确连接引脚才能确保电路正常工作。所谓调零并不是对独立集成运算放大器进行调零，而是对集成运算放大器的应用电路调零，即将集成运算放大器应用电路输入端接地(使输入为零)，调节调零电位器，使输出电压等于零。如图 2-5-3 所示。

图 2-5-1 集成运算放大器引脚排列图

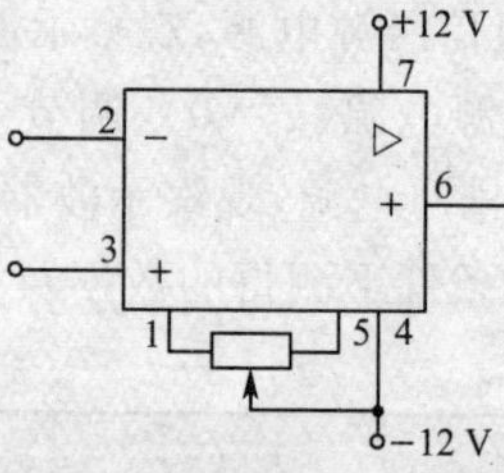

图 2-5-2 调零电位器连接示意图

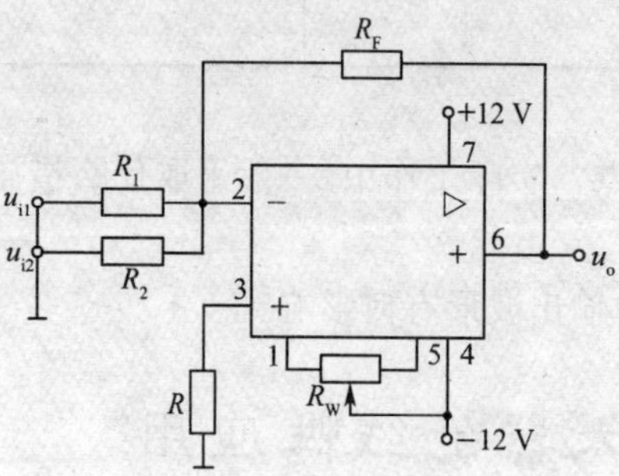

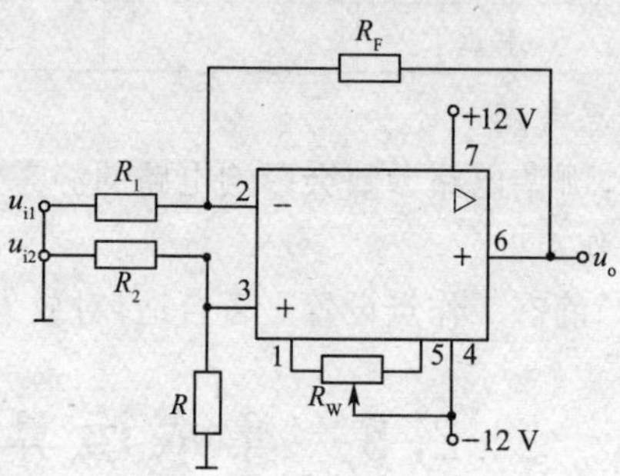

图 2-5-3 集成运算放大器调零电路图

(2)集成运算放大器的典型应用

外接负反馈电路后，集成运算放大器工作在线性状态，其输出电压 U_o 与输入电压 U_i 的运算关系仅取决于外接反馈网络与输入端电阻的连接方式，而与集成运算放大器本身无关。改变反馈网络与输入端外接电阻的连接形式和参数，即能实现各种相关数学运算。

集成运算放大器按照输入方式可分为同相、反相、差动三种接法；按照运算关系可分为比例、加法、减法、积分、微分等。利用输入方式与运算关系的组合，可接成各种运算电路。外部接入不同的线性或非线性元件组成输入和负反馈电路时，可以灵活地实现各种特定的函数关系。在线性应用方面，可组成比例、加法、减法、积分、微分等模拟运算电路。

①反相比例运算电路

反相比例运算电路如图 2-5-4 所示。在电路中，输入信号 u_i 经输入电阻 R_1 送到反相输入端，而同相输入端通过电阻 R 接“地”。电阻 R 是用于补偿集成运算放大器输入端的失调电流而设置的。反馈电阻 R_F 跨接在输出端和反相输入端之间，形成深度电压并联负反馈。

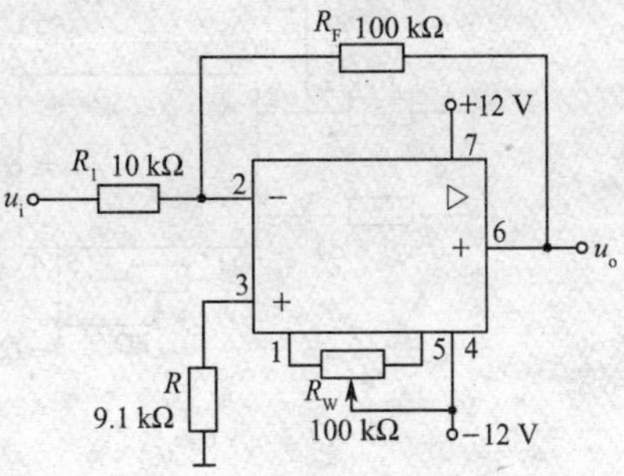

图 2-5-4　反相比例运算电路图

该电路的输出电压与输入电压之间的关系为

$$u_o = -\frac{R_F}{R_1}u_i \qquad (2\text{-}5\text{-}1)$$

该式表明，输出电压与输入电压是比例运算关系。

若 $R_F = R_1$，则称该电路为反相器，$u_o = -u_i$。

为了减小输入级偏置电流引起的运算误差，在同相输入端应接入平衡电阻 $R = R_1 /\!/ R_F$。

②反相加法运算电路

在反相比例放大器基础上，如果反相输入端增加若干输入电路，则构成反相加法放大器，反相加法运算电路如图 2-5-5 所示。

其输出电压与输入电压之间的关系为

$$u_o = -\left(\frac{R_F}{R_1}u_{i1} + \frac{R_F}{R_2}u_{i2}\right) \qquad (2\text{-}5\text{-}2)$$

该式表明，输出电压为两个输入电压 u_{i1}、u_{i2} 相加。

为了保证集成运算放大器的两个输入端处于平衡对称的工作状态，克服失调电压、失调电流的影响，在电路中应尽量保证集成运算放大器两个输入端的外电路的电阻相等。因此，在反相输入的电路中，同相输入端与地之间要串接补偿电阻 R，R 的阻值应是反相输入电阻与反馈电阻的并联值，即 $R = R_1 /\!/ R_2 /\!/ R_F$。

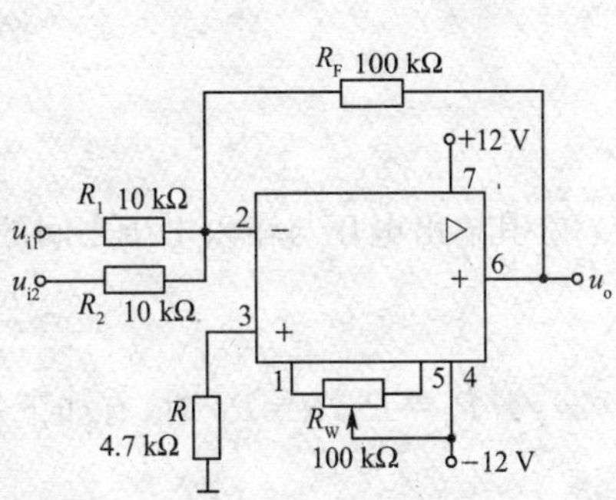

图 2-5-5　反相加法运算电路图

③同相比例运算电路

同相比例运算电路如图 2-5-6 所示。该电路输出电压与输入电压之间的关系为

$$u_o=\left(1+\frac{R_F}{R_1}\right)u_i \tag{2-5-3}$$

当 $R\to\infty$ 或 $R_F\to 0$ 时，$u_o=u_i$，即得到如图 2-5-6(b)所示的电压跟随器。电压跟随器的作用是实现阻抗匹配。对于一个提供电压信号的信号源，我们希望它的输出阻抗越低越好；而对于一个接收电压信号的放大器来说，则希望它输入端的输入阻抗越大越好。利用电压跟随器输入阻抗高，输出阻抗极低的特性，起到阻抗变换的作用，在信号源和放大器之间做缓冲级用。它的这种优越特性，在电子线路中得到了广泛的应用。

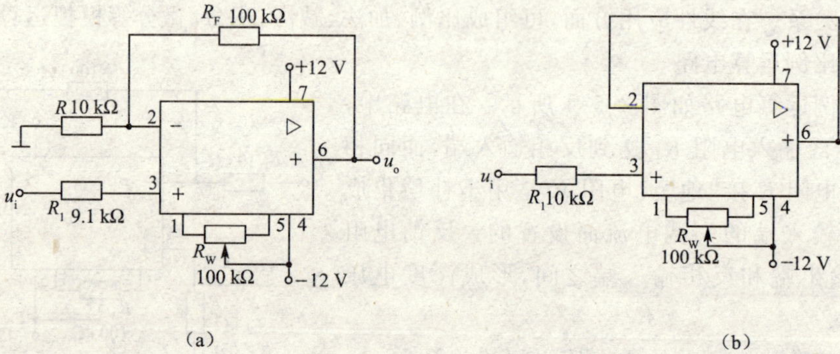

图 2-5-6　同相比例运算电路图

④减法运算电路

减法运算电路如图 2-5-7 所示。

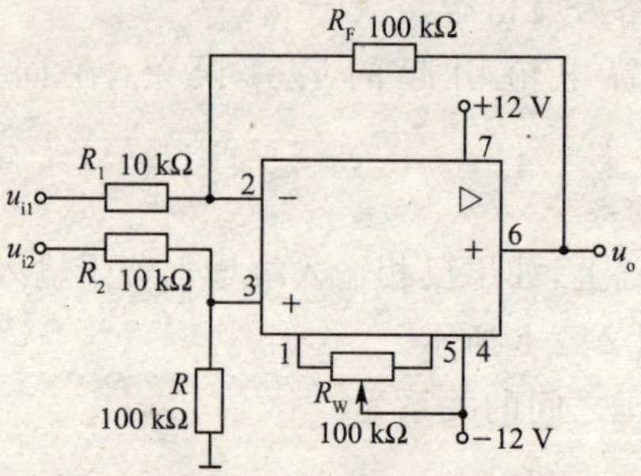

图 2-5-7　减法运算电路图

其输出电压与输入电压之间的关系为

$$u_o=\frac{R_1+R_F}{R_1}\cdot\frac{R}{R_2+R}u_{i2}-\frac{R_F}{R_1}u_{i1} \tag{2-5-4}$$

当 $R_1=R_2$，$R=R_F$ 时，有如下关系式

$$u_o=\frac{R_F}{R_1}(u_{i2}-u_{i1}) \tag{2-5-5}$$

⑤积分运算电路

积分运算电路如图 2-5-8 所示。

反馈回路接一个电容，输入端串联一个电阻，就组成了一个积分器。其输出电压与输入电压之间的关系为

$$u_o=-\frac{1}{R_1C}\int u_i\,dt \tag{2-5-6}$$

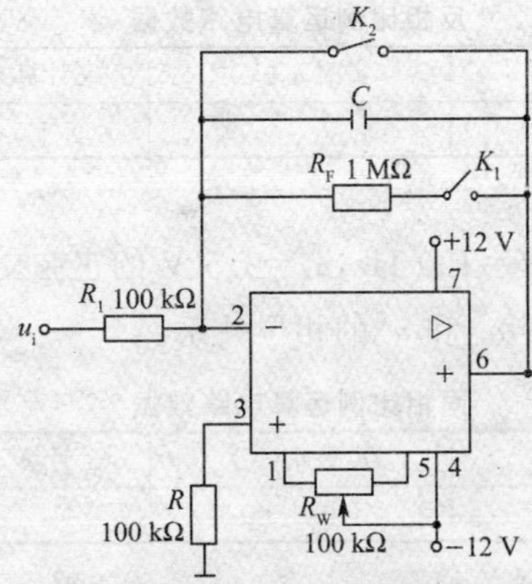

图 2-5-8 积分运算电路图

当 u_i 为定值时，u_o 是 t 的线性函数。若对换 R_1 与 C 的位置，则电路组成微分器。另外，当考虑 u_i 为一系列不同频率的正弦交流信号时，微积分电路就成了高通或低通滤波电路。

在进行积分运算之前，首先应对集成运算放大器调零。为了便于调节，将图 2-5-8 中 K_1 闭合，即通过电阻 R_F 的负反馈作用帮助实现调零。但在完成调零后，仍将 K_1 打开，以免因 R_F 的接入造成积分误差。K_2 的设置一方面为积分电容放电提供通路，同时可使积分电容初始电压 $u_C(0)=0$；另一方面，可控制积分起始点，即在加入信号 u_i 后，只要 K_2 一打开，电容就被恒流充电，电路开始进行积分运算。

4. 实验仪器与器件

实验仪器与器件见表 2-5-1。

表 2-5-1 实验仪器与器件

序号	名称	型号	数量
1	模拟电子技术实验箱	EEL-07	1 台
2	信号源	NEEL-03A	1 台
3	电压源	NEEL-01	1 台
4	数字万用表	VC980＋	1 块
5	数字存储示波器	TDS1002	1 台
6	集成运算放大器	HA17741	1 片
7	电阻		若干

5. 实验内容

(1)集成运算放大器的调零

按图 2-5-3 接线，接通 ±12 V 电源，调节调零电位器 R_W，使输出 $u_o \approx 0$（小于 ±10 mV）。

(2)反相比例运算电路

按图 2-5-4 接线，输入 $f=100$ Hz，$u_i=0.5$ V 的正弦交流信号，测量相应的 u_o，记入表 2-5-2 中，并用示波器观察 u_o 和 u_i 的相位关系。

表 2-5-2　反相比例运算电路数据

u_i(V)	实测 u_o(V)	计算 u_o(V)
0.5		

(3)同相比例运算电路

按图 2-5-6(a)接线，输入 $f=100$ Hz，$u_i=0.5$ V 的正弦交流信号，测量相应的 u_o，记入表 2-5-3 中，并用示波器观察 u_o 和 u_i 的相位关系。

表 2-5-3　同相比例运算电路数据

u_i(V)	实测 u_o(V)	计算 u_o(V)
0.5		

(4)反相加法运算电路

①按图 2-5-5 接线，将直流电压源接入电路，接通±12 V 电源。

②调节直流电压源输出，使 u_{i1}、u_{i2} 为表 2-5-4 中数值，测出相应的 u_o 值，记入表2-5-4 中。

表 2-5-4　反相加法运算电路数据

u_{i1}(V)	0.1	0.1	0.2	0.2
u_{i2}(V)	0.2	0.3	0.3	0.4
实测 u_o(V)				
计算 u_o(V)				

(5)减法运算电路

按图 2-5-7 接线，调节直流电压源输出，使 u_{i1}、u_{i2} 为表 2-5-5 中数值，测出相应的 u_o 值，记入表 2-5-5 中。

表 2-5-5　减法运算电路数据

u_{i1}(V)	0.1	0.4	0.7	0.9
u_{i2}(V)	0.6	0.9	1.2	1.4
实测 u_o(V)				
计算 u_o(V)				

(6)积分运算电路

实验电路如图 2-5-8 所示，接通±12 V 电源。

①打开 K_2，闭合 K_1 对集成运算放大器输出进行调零。

②调零完成后，再打开 K_1，闭合 K_2，使 $u_o=0$。

③预先调好直流输入电压 $u_i=0.5$ V，接入实验电路，再打开 K_2，然后用数字电压表测输出电压 u_o，每隔 5 秒读一次 u_o，记入表 2-5-6 中，直到 u_o 不继续明显增大为止。

表 2-5-6　积分运算电路数据

t(s)	0	5	10	15	20	25	30	35			
u_o(V)											

6. 思考题

(1)在由集成运算放大器组成的各种运算电路中，为什么要进行调零？

(2)为了不损坏集成块，实验中应注意哪些问题？

2.6　RC 低频振荡器

1. 实验目的

(1)掌握 RC 桥式正弦波振荡器的电路及其工作原理。

(2)了解 RC 正弦波振荡器的设计、调试方法。

(3)观察 RC 参数对振荡频率的影响,学习振荡频率的测定方法。

2. 预习要点

(1)复习有关 RC 振荡器结构与工作原理的内容。

(2)若想改变实验电路的振荡频率,可以通过调整电路中哪些元件的参数来实现?

3. 实验原理

图 2-6-1 为 RC 桥式正弦波振荡器电路。RC 低频振荡器是一个在没有外接输入信号的条件下,就可以产生正弦波信号的低频放大器。它由基本放大器、选频网络和稳幅环节组成。

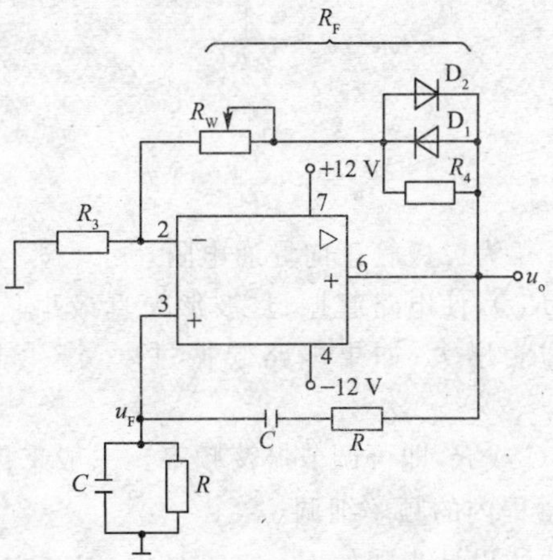

图 2-6-1　RC 桥式正弦波振荡器电路图

其中 RC 串并联电路构成正反馈支路,同时兼作选频网络。引入正反馈是为了满足振荡的相位条件,形成振荡。选频特性为

$$\dot{F}=\frac{\dot{U}_F}{\dot{U}_o}=\frac{1}{3+j\left(\frac{\omega}{\omega_0}-\frac{\omega_0}{\omega}\right)} \tag{2-6-1}$$

u_F 是选频网络的输出电压,u_o 是放大器的输出电压。当 $\omega=\omega_0=\frac{1}{RC}$时,反馈系数最大,为

$$|F|_{max}=\frac{1}{3} \tag{2-6-2}$$

此时,相移 $\varphi_F=0°$。

RC 选频网络的频率特性如图 2-6-2 所示。

R_3、R_W 及二极管等元件构成负反馈和稳幅环节。放大倍数由负反馈支路元件参数

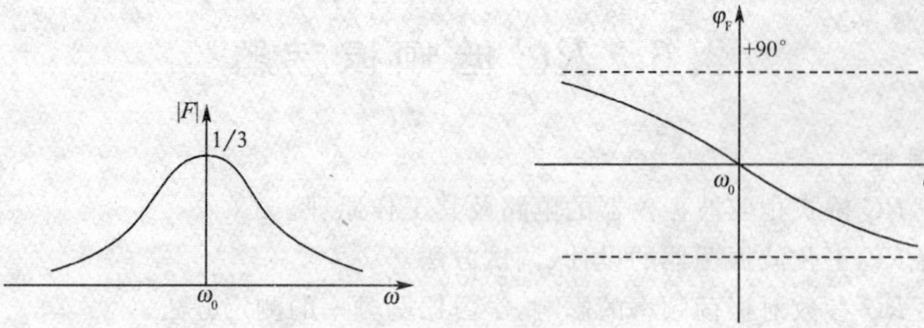

图 2-6-2 RC 选频网络的频率特性

调节，一般控制在3倍左右。引入负反馈是为了改善振荡器的性能，调节电位器 R_W，可以改变负反馈深度，以满足振荡的振幅平衡条件，利用两个反向并联二极管 D_1、D_2 正向电阻的非线性特性来实现稳幅。D_1、D_2 采用硅管（温度稳定性好），且要求特性匹配，才能保证输出波形正、负半周对称。R_4 的接入是为了削弱二极管非线性的影响，以改善波形失真。

电路的振荡频率为

$$f_0=\frac{1}{2\pi RC} \tag{2-6-3}$$

起振的幅值条件为

$$A_F=1+\frac{R_F}{R_3}\geqslant 3 \tag{2-6-4}$$

式中，$R_F=R_W+(r_d /\!/ R_4)$；r_d 为二极管正向导通电阻。

调整反馈电阻 R_F（调 R_W），使电路起振，且波形失真最小。如不能起振，说明负反馈太强，应适当加大 R_W，使 R_F 增大；如果电路起振过度，产生非线性失真，则应适当减小 R_W。

改变选频网络的参数 C 或 R，即可调节振荡频率。一般采用改变电容 C 来进行频率量程切换，而调节 R 进行量程内的频率细调。

RC 桥式正弦波振荡器的设计步骤如下：

(1)根据已知的指标，选择电路形式；

(2)计算并确定电路中的元件参数，选择器件；

(3)安装调试电路，使电路满足指标要求。

4. 实验仪器与器件

实验仪器与器件见表 2-6-1。

表 2-6-1 实验仪器与器件表

序号	名称	型号	数量
1	模拟电子技术实验箱	EEL-07	1台
2	数字万用表	VC980＋	1块
3	数字存储示波器	TDS1002	1台
4	集成运算放大器	HA17741	1片
5	电阻、电容		若干

5. 实验内容

(1)设计一个振荡频率为 1 600 Hz 的 RC 桥式正弦波振荡器。

设计步骤如下：

①根据设计要求，选择如图 2-6-1 所示电路。

②计算和确定电路中的元件参数并选择器件。

a. 根据振荡器的频率，计算 RC 的值。

$$RC=\frac{1}{2\pi f_0} \tag{2-6-5}$$

b. 确定 R、C 的值

为了使选频网络的特性不受集成运算放大器输入电阻和输出电阻的影响，应有

$$R_i \gg R \gg R_o \tag{2-6-6}$$

其中：R_i（几百 kΩ 以上）为集成运算放大器同相输入端的输入电阻，R_o（几百 Ω 以下）为集成运算放大器的输出电阻。

有了 R 的值，根据式(2-6-5)中的 RC 值，便可求得 C 的值。

c. 确定 R_3 和 R_F（在图 2-6-1 中 $R_F=R_W+r_d/\!/R_4$）的值，其中 r_d 为二极管导通时的动态电阻。由振荡器的振幅条件 $A_F=1+\frac{R_F}{R_3}\geqslant 3$ 可知，要使电路起振，R_F 应略大于 $2R_3$，通常取 $R_F=2.1R_3$，以保证电路能起振和减小波形失真。

另外，为了满足 $R=R_3/\!/R_F$ 的直流平衡条件，减小集成运算放大器输入失调电流的影响。由 $R_F=2.1R_3$ 和 $R=R_3/\!/R_F$ 可求出 R_3、R_F 的值。

d. 确定稳幅电路及其元件值

稳幅电路由 R_4 和两个接法相反的二极管 D_1、D_2 并联而成，如图 2-6-1 所示。

稳幅二极管 D_1、D_2 应选用温度稳定性较高的硅管，且二极管 D_1、D_2 的特性必须一致，以保证输出波形的正负半周对称。

由于二极管的非线性会引起波形失真，因此，为了减小非线性失真，可在二极管的两端并上一个阻值与 r_d 相近的电阻 R_4。（R_4 一般取几千欧）

e. 电位器 R_W 阻值的确定

根据

$$R_F=R_W+r_d/\!/R_4 \tag{2-6-7}$$

求得 R_W 的阻值，然后根据 R_W 阻值，确定电位器的大小。

f. 选择集成运算放大器的型号

选择的集成运算放大器，要求输入电阻高、输出电阻小，而且增益带宽积要满足

$$A_{uo}BW>3f_0 \tag{2-6-8}$$

(2)安装与调试

按照原理图，将所选定的元件安装在插件板上，检查无误后，接通±12 V 电源，输出端接示波器。完成下列步骤：

①用示波器观察输出波形，并调节电位器 R_W，使输出波形从无到有，从正弦波到出现失真。

②调节电位器 R_W，使输出电压 u_o 幅值最大且不失真。用示波器测量振荡频率 f_0 及输出电压 u_o 的值，并与理论值进行比较。将测量结果填入表 2-6-2 中。

③然后在选频网络的两个电阻 R 上分别并联一电阻，观察记录振荡频率的变化情

况，并与理论值进行比较。将测量结果填入表2-6-2中。

若所测频率不满足设计要求，可根据所测频率的大小，判断出选频网络的元件值是偏大还是偏小，从而改变 R 或 C 的值，使振荡频率满足设计要求。

④断开二极管 D_1、D_2，重复步骤②，将测试结果与步骤②进行比较，分析 D_1、D_2 的稳幅作用。

表 2-6-2 **RC 桥式正弦振荡器测试数据**

序号	R(kΩ)	C(μF)	输出电压 u_o(V)	实测 f_0(Hz)	计算 f_0(Hz)
1	10	0.01			
2	5	0.01			

⑤RC串并联网络幅频特性观察

将 RC 串并联网络与集成运算放大器断开，由信号源输入3 V左右正弦信号，并用双踪示波器同时观察 RC 串并联网络输入、输出波形。保持输入幅值(3 V)不变，从低到高改变频率，当信号源达到某一频率时，RC 串并联网络输出将达最大值(约1 V)，且输入、输出同相位。此时的信号源频率为

$$f=f_0=\frac{1}{2\pi RC} \tag{2-6-9}$$

6. 思考题

(1)在 RC 桥式正弦波振荡电路中，R_3、R_W、R_4 构成什么电路？起什么作用？

(2)RC 桥式正弦波振荡器如果不起振或者输出波形失真，应调节哪个参数？如何调？

附录　常用电子元器件介绍

1. 电阻器

(1)电阻器和电位器及其命名规则

电阻器用字母 R 表示,电位器用字母 W 表示。电阻值的基本单位为欧姆,简称欧(Ω)。常用的单位还有千欧(kΩ)和兆欧(MΩ)。三者的换算关系是:1 MΩ = 1 000 kΩ,1 kΩ=1 000 Ω。

根据部颁标准(SJ-73)规定,国产电阻器、电位器的型号由以下五个部分组成。

第一部分:主称,用字母表示,R 表示电阻器,W 表示电位器。

第二部分:材料,用字母表示,具体含义见附表 1。

第三部分:产品分类,用数字或字母表示,具体含义见附表 2。

第四部分:序号,用数字表示。

第五部分:区别代号,用字母表示。区别代号是当电阻器(电位器)的主称、材料特征相同,而尺寸、性能指标有差别时,在序号后用 A、B、C、D 等字母予以区别。

附表 1　电阻器和电位器的材料字母表示

第一部分		第二部分	
字母	主称	字母	材料
R	电阻器	T	碳膜
W	电位器	J	金属膜
		Y	氧化膜
		H	合成碳膜
		S	有机实心
		N	无机实心
		C	沉积膜
		I	玻璃釉膜
		X	线绕

附表 2　电阻器和电位器的代号列表

数字代号	意义		字母代号	意义	
	电阻器	电位器		电阻器	电位器
1	普通	普通	G	高功率	—
2	普通	普通	T	可调	—
3	超高频	—	W	—	微调
4	高阻	—	D	—	多圈
5	高温	—	X	小型	小型
6	—	—	J	精密	精密
7	精密	精密	L	测量用	—
8	高压	特殊函数	Y	被釉	—
9	特殊	特殊	C	防潮	—

(2)电阻器的主要参数

电阻器的主要参数有标称阻值、允许误差、精度等级、额定功率、温度系数、最高工作电压、高频特性等。在选用电阻器时一般只考虑标称阻值、允许误差和额定功率这三项最主要参数,其他参数在有特殊需要时才考虑。

①标称阻值

电阻器表面所标注的阻值称为标称阻值。不同精度等级的电阻器,其阻值系列不同。标称阻值是按国家规定的电阻器标称阻值系列选定的。标称阻值系列见附表 3,阻值单位为欧姆(Ω)。

附表 3　电阻器标称阻值系列　　单位:Ω

标称阻值系列	允许误差	精度等级	电阻器标称阻值
E6	±20%	Ⅲ	1.0 1.5 2.2 3.3 4.7 6.8
E12	±10%	Ⅱ	1.0 1.2 1.5 1.8 2.2 2.7 3.3 3.9 4.7 5.6 6.8 8.2
E24	±5%	Ⅰ	1.0 1.1 1.2 1.3 1.5 1.6 1.8 2.0 2.2 2.4 2.7 3.0 3.3 3.6 3.9 4.3 4.7 5.1 5.6 6.2 6.8 7.5 8.2 9.1

注:使用时根据阻值的数量级大小将表列数值乘以 10^n(n 为整数)。

②允许误差

电阻器的允许误差就是指电阻器的实际阻值对于标称阻值的允许最大误差范围,它标志着电阻器的阻值精度。普通电阻器的误差有±5%、±10%、±20%三个等级,允许误差越小,电阻器的精度越高。精密电阻器的允许误差可分为±2%、±1%、±0.5%……±0.001%等十几个等级。

③额定功率

电阻器通电工作时,本身要发热,如果温度过高就会将电阻器烧毁。在规定的环境温度中允许电阻器承受的最大功率,即在此功率限度以下,电阻器可以长期稳定地工作,不会显著改变其性能,并且不被损坏,这个最大功率限度就称为额定功率。根据部颁标准,不同类型的电阻器有不同系列的额定功率。电阻器的额定功率系列见附表 4。

附表 4　电阻器的额定功率系列　　单位:W

线绕电阻额定功率系列				非线绕电阻额定功率系列			
0.05	0.125	0.25	0.5	0.05	0.125	0.25	0.5
1	2	4	8	1	2	5	10
12	16	25	40	25	50	100	
50	75	100	150				
250	500						

(3)电阻器的规格标注方法

由于受到电阻器表面积的限制,通常只在电阻器外表面上标注电阻器的类别、标称阻值、精度等级和额定功率。对于额定功率小于 0.5 W 的小电阻器,一般只标注标称阻值和允许误差,材料类型和功率常从其外形尺寸和颜色来判断。电阻器的规格标注方法通常采用文字符号直标法和色标法两种。

①文字符号直标法

在电阻器表面将电阻器的材料类型和主要参数直接标出。

a. 阻值

欧(10^0)用 Ω 表示；

千欧(10^3)用 kΩ 表示；

兆欧(10^6)用 MΩ 表示；

吉欧(10^9)用 GΩ 表示；

太欧(10^{12})用 TΩ 表示。

遇有小数时，常以 Ω、k、M、G、T 代替小数点，如 0.1 Ω 标注为 Ω1，3.3 kΩ 标注为 3k3；而 1 000 MΩ 标注为 1 GΩ。

b. 允许误差

普通电阻器的允许误差为±5%、±10%、±20%三种，在电阻器标称阻值后，分别用Ⅰ(J)、Ⅱ(K)、Ⅲ(M)符号标明。

c. 额定功率

2 W 以下的小型电阻器，其功率通常不标出，通过观察其外形尺寸即可判定；2 W 以上的电阻器，其功率数值在电阻器表面上用数字标出。附表 5 列出了常用的碳膜和金属膜电阻器外形尺寸和额定功率的关系。

附表 5　碳膜和金属膜电阻器外形尺寸与额定功率的关系

额定功率/W	碳膜电阻器/R_T		金属膜电阻器/R_J	
	长度/mm	直径/mm	长度/mm	直径/mm
1/8	11	3.9	6～8	2～2.5
1/4	18.5	5.5	7～8.3	2.5～2.9
1/2	28	5.5	10.8	4.2
1	30.5	7.2	13.0	6.6
2	48.5	9.5	18.5	8.6

②色标法

指用不同颜色的色环在电阻器的表面标出其最主要的参数的标注方法。小功率电阻器尤其是 0.5 W 以下的碳膜和金属膜电阻器大多使用色标法。色标所代表的意义见附表 6。

色环电阻器有三环、四环、五环三种标法。

三环色标电阻器：表示标称阻值(精度均为±20%)。

四环色标电阻器：表示标称阻值和精度。

五环色标电阻器：表示标称阻值(三位有效数字)和精度。

靠近电阻器的一端印有 4 道或 5 道(精密电阻)色环，其中，第 1、第 2 以及精密电阻的第 3 道色环，用以表示阻值相应位数的数字。其后的两道色环分别表示倍乘 10^n 的 n 的数值和阻值的容许误差。

附表 6　色标所代表的意义

颜色	有效数字	乘数	允许误差/%	工作电压/V
银色	—	10^{-2}	±0.2	—
金色	—	10^{-1}	±5	—
黑色	0	10^{0}	—	4
棕色	1	10^{1}	±1	6.3
红色	2	10^{2}	±2	10
橙色	3	10^{3}	—	16
黄色	4	10^{4}		25
绿色	5	10^{5}	±0.5	32
蓝色	6	10^{6}	±0.2	40
紫色	7	10^{7}	±0.1	50
灰色	8	10^{8}	—	63
白色	9	10^{9}	+5～−20	—
无色	—	—	±20	—

注：此表也适用于电容器，其中工作电压的颜色标识只适用于电解电容器，同时色点应标在正极上。

一般靠近电阻器端面一端的色环为第 1 环。如一电阻器的色环为棕、红、红，则这个电阻器的标称阻值为 1 200 Ω，允许误差为±20%。一电阻器的色环为棕、紫、绿、金、棕，则这个电阻器的标称阻值为 17.5 Ω，允许误差为±1%。为区分五环电阻的色环顺序，第 5 道色环的宽度比另外 4 环要大。

2. 电容器

(1)电容器及其命名规则

电容器用字母 C 表示。电容器的基本单位为法拉，简称法(F)。常用的有微法(μF)、纳法(nF)和皮法(pF)。它们之间的换算关系是：$1\ F=10^{6}\ \mu F=10^{12}\ pF$。

根据部颁标准(SJ-73)规定，国产电容器的型号由以下四个部分组成。

第一部分：主称，用字母表示(一般用 C 表示)。

第二部分：材料，用字母表示，具体含义见附表 7。

第三部分：特征，用数字或字母表示，具体含义见附表 7。

第四部分：序号，用数字表示。

附表 7　电容器材料、特征表示方法

材料		特征				
符号	意义	符号	意义			
			瓷介电容器	云母电容器	有机电容器	电解电容器
T	瓷介	1	圆片	非密封	非密封	箔式
Y	云母	2	管形	非密封	非密封	箔式
I	玻璃釉	3	叠片	密封	密封	烧结粉液体
O	玻璃膜	4	独石	密封	密封	烧结粉固体
B	聚苯乙烯	5	穿心	—	穿心	—
Z	纸介	6	—	支柱	—	—
J	金属化纸介	7	—	—	—	无极性
H	混合介质	8	高压	高压	高压	—

（续表）

材料		特征				
符号	意义	符号	意义			
			瓷介电容器	云母电容器	有机电容器	电解电容器
L	涤纸	9	—	—	特殊	特殊
F	聚四氟乙烯	G	高功率	—	—	—
D	铝电解	W	微调	微调	—	小型
A	钽电解	X	—	—	—	—

例：CT1-0.022μF-63V 表示为圆片形低频瓷介电容器，电容量为 0.022 μF，额定工作电压为 63 V。

(2)电容器的参数

表示电容器性能的参数很多，这里介绍一些常用的参数。

①标称容量与允许误差

电容量是电容器的最基本的参数。标在电容器外壳上的电容量数值称为标称容量，是标准化的电容值。其常用的标称系列和电阻器的相同。不同类别的电容器，其标称容量系列也不一样。当标称容量在 0.1～1 μF 时，标称系列采用 E6 系列。对于有机薄膜、瓷介、玻璃釉、云母电容器的标称容量系列采用 E24、E12、E6 系列。对于电解电容器采用 E6 系列。

标称容量与实际电容量有一定的允许误差，允许误差用百分数或误差等级表示。允许误差分为五级：±1％(00 级)、±2％(0 级)、±5％(Ⅰ级)、±10％(Ⅱ级)、±20％(Ⅲ级)。有的电解电容器的容量误差范围很大，为－20％～＋100％，见附表 8。

附表 8　电容器允许误差标识符号

符号	允许误差/％	符号	允许误差/％	符号	允许误差/％
E	±0.001	B	±0.1	K	±10
X	±0.002	C	±0.2	M	±20
Y	±0.005	D	±0.5	N	±30
H	±0.01	F	±1	R	＋100～10
U	±0.02	G	±2	S	＋50～20
W	±0.05	J	±5	Z	＋80～20

②额定工作电压(耐压)

电容器的额定工作电压是指电容器长期连续可靠工作时，极间电压不允许超过的规定电压值，否则电容器就会被击穿损坏。在电容器上，额定工作电压数值一般以直流电压标出。

③绝缘电阻

电容器的绝缘电阻是指电容器两极间的电阻，或叫漏电电阻。电容器中的介质并不是绝对的绝缘体，多少总有些漏电。除电解电容器外，一般电容器的漏电流是很小的。显然，电容器的漏电流越大，绝缘电阻越小。当漏电流较大时，电容器会发热，发热严重时则会导致电容器损坏。在使用中,应选择绝缘电阻大的电容器为好。

(3)电容器的规格标注方法

电容器的规格标注方法有直标法、数码表示法和色标法。

①直标法

直标法是将主要参数和技术指标直接标注在电容器表面上。电容量的单位用F(法拉)、mF(毫法,10^{-3} F)、μF(微法,10^{-6} F)、nF(纳法,10^{-9} F)、pF(皮法,10^{-12} F)表示。允许误差直接用百分数表示。如10 m表示10 000 μF,33 n表示0.033 μF,4 μ7表示4.7 μF,5n3表示5 300 pF,3p3表示3.3 pF,p10表示0.1 pF。

②数码表示法

一种表示方法是不标单位,直接用数码表示容量。如4700表示4 700 pF,360表示360 pF,7表示7 pF,0.068表示0.068 μF。其中皮法级电容器一般用整数标注,微法级电容器用小数标注。

另一种表示方法是用三位数表示容量大小,单位为pF,前两位数是电容量的有效数字,后一位是零的个数。如103表示10 000 pF,223表示22 000 pF;如果第三位是9,则乘10^{-1},如339表示$33\times10^{-1}=3.3$ pF。

③色标法

电容器的色标法与电阻器的色标法相似。

色标通常有三种颜色,沿着引线方向,前两个色标表示有效数字,第三个色标表示有效数字后面零的个数,单位为pF。有时一、二色标为同色,就涂成一道宽的色标,如橙、橙、红,两个橙色标就涂成一道宽的色标,表示3 300 pF。

3.电感器

(1)电感线圈及其命名规则

电感器用字母L表示。电感量的单位是亨利,简称亨(H)。常用的有毫亨(mH)、微亨(μH)、纳亨(nH)。换算关系为1 H=10^3 mH=10^6 μH=10^9 nH。

国产电感线圈的型号由以下四个部分组成。

第一部分:主称,用字母表示(一般用L表示线圈,XL表示阻流圈)。

第二部分:材料,用字母表示(G为高频)。

第三部分:型式,用字母表示(X为小型)。

第四部分:区别代号,用字母表示。

(2)电感器的规格标注方法

固定电感器的电感量可用数字直接标在电感器的外壳上。电感量的允许误差用Ⅰ、Ⅱ、Ⅲ即±5%、±10%、±20%表示,直接标在电感器的外壳上。

4.半导体器件

(1)晶体管的型号和命名

国产晶体管和其他半导体器件的命名法见附表9。

附表 9　　国产半导体器件的组成符号及其意义

第一部分		第二部分		第三部分		第四部分	第五部分
用数字表示器件的有效电极数目		用字母表示器件的材料和极性		用字母表示器件的类别		用数字表示器件的序号	用字母表示规格号
符号	意义	符号	意义	符号	意义		
2	二极管	A B C D	N 型锗材料 P 型锗材料 N 型硅材料 P 型硅材料	P V W C Z	普通管 微波管 稳压管 变容管 整流管		
3	三极管	A B C D E	PNP 型锗材料 NPN 型锗材料 PNP 型硅材料 NPN 型硅材料 化合物材料	L S N U K X G D A U K	整流堆 隧道管 阻尼管 光电器件 开关管 低频小功率管($f_a<3$ MHz,$P_C<1$ W) 高频小功率管($f_a\geqslant3$ MHz,$P_C\leqslant1$ W) 低频大功率管($f_a<3$ MHz,$P_C\geqslant1$ W) 高频大功率管($f_a\geqslant3$ MHz,$P_C\geqslant1$ W) 光电器件 开关管		
				T Y B J	可控整流管 体效应器件 雪崩管 阶跃恢复管		
				CS BT FH PIN JG	场效应器件 半导体特殊器件 复合管 PIN 型管 激光器件		

例如,3AX81-81 为低频小功率 PNP 型锗材料三极管;2AP9-9 为普通 N 型锗材料二极管。

美国半导体器件的命名法见附表 10。

附表 10　　美国半导体器件的组成符号及其意义

第一部分		第二部分		第三部分		第四部分		第五部分	
用符号表示器件类别		用数字表示PN 结数目		美国电子工业协会(EIA)注册标志		美国电子工业协会(EIA)登记号		用字母表示器件的规格	
符号	意义	符号	意义	符号	意义	符号	意义	符号	意义
JAN	军级	1	二极管	N	该器件已在美国电子工业协会(EIA)注册登记	数字	该器件在美国电子工业协会(EIA)的登记号	A、B、C、D	同一型号器件的不同规格
JANTX	特军级	2	三极管						
JANTXV	超特军级	3	3 个 PN 结器件						
JANS	宇航级	n	n 个 PN 结器件						
	非军用品								

例如,2N2222 为已在 EIA 注册、登记号为 2222 的民用三极管。

(2)半导体二极管

硅二极管和锗二极管之间不能互相代替,同类型管子可以代替。对于检波管只要工作频率不低于原来的管子就可以代替。对于整流二极管,只要反向耐压和正向电流不低于原来的管子就可以代替。

常用整流二极管的型号及参数见附表 11。

附表 11　　常用整流二极管的型号及参数

型号	最高反向峰值电压 U_{RM}/V	额定正向整流电流 I_F/A	正向电压降 U_F/A	反向漏电流 I_S/μA		不重复正向浪涌电流 I_{FSM}/A	频率 f/kHz	额定结温 T_{jM}/℃
2CZ82A～2CZ82H	25～600	0.1	≤1.0	≤10	500	2	3	130
2CZ83B～2CZ83H	25～600	0.3	≤1.0	≤10	500	6	3	130
2CZ84A～2CZ84H	25～600	0.5	≤1.0	≤10	500	10	3	150
1N4001	50	1	≤1.0	5				175
1N4002	100	1	≤1.0	5				175
1N4003	200	1	≤1.0	5				175
1N4005	600	1	≤1.0	5				175
1N5391	50	1.5	≤1.0	5				175
1N5400	50	3	≤1.0	5				170

常用开关二极管的型号及参数见附表 12。

附表 12　　常用开关二极管的型号及参数

型号	正向电压降 U_F/V	最大正向电流 I_F/A	反向击穿电压 U_{BR}/V	平均整流电流 I_F/A	零偏压结电容 C_0/pF	最高结温 T_{jM}/℃	最大功耗 P_M/W
1N4148	<1.0	0.45	100	0.15	4	150	0.5
1N4448	<1.0	0.45	100	0.15	5	150	0.5

常用发光二极管典型参数见附表 13。

附表 13　　常用发光二极管典型参数

颜色	材料	最大正向电流 I_F/mA	一般工作电流/mA	正向电压降 U_F/V	反向电流 I_S/μA
红色	GaP	25	10	2.2	10
红色	GaAsP	25	10	2.0	10
橙色	GaAsP	25	10	2.0	10
黄色	GaAsP	25	10	2.0	10
绿色	GaP	25	10	2.2	10

常用稳压二极管的型号及参数见附表 14。

附表 14　　常用稳压二极管的型号及参数

型号		最大耗散功率 P_{ZM}/W	最大工作电流 I_{ZM}/mA	稳定电压 U_Z/V	动态电阻		反向漏电流 I_R/μA	正向压降 U_F/V	温度系数 /10^{-4}℃
					R_Z/Ω	I_Z/mA			
1N750-1	2CW53	0.25	41	4～5.8	50	10	≤1	≤1	−6～4
1N752-3	2CW54	0.25	38	5.5～6.5	30	10	≤0.5	≤1	−3～5
1N754	2CW55	0.25	33	6.2～7.5	15	10	≤0.5	≤1	≤6
1N755-6	2CW56	0.25	27	7～8.8	15	5	≤0.5	≤1	≤7
1N757	2CW57	0.25	26	8.5～9.5	20	5	≤0.5	≤1	≤8
1N758	2CW58	0.25	23	9.2～10.5	25	5	≤0.5	≤1	≤8
1N962	2CW59	0.25	20	10～11.8	30	5	≤0.5	≤1	≤9
1N963	2CW60	0.25	19	11.5～12.5	40	5	≤0.5	≤1	≤9

(3)半导体三极管

①双极型三极管

三极管的种类较多，按使用的半导体材料不同，可分为锗三极管和硅三极管两类。国产锗三极管多为 PNP 型，硅三极管多为 NPN 型。按制作工艺不同，可分为扩散管、合金管；按功率不同，可分为小功率管、中功率管和大功率管；按工作频率不同，可分为低频管、高中频管和超高频管；按用途不同，又可分为放大管和开关管。另外，每一种三极管中，又有多种型号，以区别其性能。在电子设备中，比较常用的是小功率的硅管和锗管。

②单极型三极管(场效应管)

场效应管也是由半导体材料制成的。普通双极型三极管是电流控制部件，通过控制基极电流达到控制集电极电流或发射极电流的目的。而场效应管是电压控制器件，它的输出电流决定于输入信号电压的大小，管子的电流受控于栅源之间的电压。场效应管栅极的输入电阻很高，可达 10^9～10^{15} Ω，对栅极施加电压时，基本上不取电流，这是普通双极型三极管无法与之相比的。

场效应管的三个电极分别为漏极(D)、源极(S)、栅极(G)，也可类比为双极型三极管的 E、B、C 三极。场效应管的漏极(D)、源极(S)能够互换使用。场效应管可分为结型场效应管和绝缘栅型场效应管两大类型。

其使用注意事项如下：

a. 结型场效应管和普通三极管的使用注意事项相近。但栅源两极之间电压不能接反，否则会烧坏管子。

b. 对于绝缘栅型场效应管，其输入阻抗很高，为防止感应过压而击穿，保存时应将三个电极短路。特别应注意不使栅极悬空，即栅源两极之间必须经常保持直流通路。

c. 焊接时也要保持三电极短路状态，并应先焊漏极、源极，后焊栅极。焊接、测试的电烙铁和仪器等都要有良好的接地线。或者将电烙铁烧热、上锡以后，从电源上拔下再对管子进行焊接。

d. 不能用万用表测 MOS 管的各极。

e. 场效应管的漏极、源极可以互换使用，不影响效果。但衬底已和源极接好线后，则不能再互换。

常用 NPN 硅高频小功率管的型号及参数见附表 15。

附表 15　　**常用 NPN 硅高频小功率管的型号及参数**

参数 \ 型号		(原型号 3DG6)				测试条件
		3DG100A	3DG100B	3DG100C	3DG100D	
极限参数	P_{CM}/mW	100	100	100	100	
	I_{CM}/mA	20	20	20	20	
	$U_{(BR)CBO}$/V	≥30	≥40	≥30	≥40	
	$U_{(BR)CEO}$/V	≥20	≥30	≥20	≥30	$I_C=100\ \mu A$
	$U_{(BR)EBO}$/V	≥4	≥4	≥4	≥4	$I_B=100\ \mu A$
直流参数	$I_{CBO}/\mu A$	≤0.01	≤0.01	≤0.01	≤0.01	$U_{CB}=10$ V
	$I_{CEO}/\mu A$	≤0.01	≤0.01	≤0.01	≤0.01	$U_{CE}=10$ V
	$I_{EBO}/\mu A$	≤0.01	≤0.01	≤0.01	≤0.01	$U_{EB}=1.5$ V
	U_{BE}/V	≤1	≤1	≤1	≤1	$I_C=10$ mA $I_B=1$ mA
	U_{CES}/V	≤1	≤1	≤1	≤1	$I_C=10$ mA $I_B=1$ mA
	$\beta(h_{FE})$	≥30	≥30	≥30	≥30	$U_{CE}=10$ V $I_C=3$ mA
交流参数	f_T/MHz	≥150	≥150	≥300	≥300	$U_{CB}=10$ V $I_E=3$ mA $f=100$ MHz $R_L=5\ \Omega$
	G_P/dB	≥7	≥7	≥7	≥7	$U_{CB}=10$ V $I_E=3$ mA $f=100$ MHz
	$G_{b'c}$/pF	≤4	≤4	≤4	≤4	$U_{CB}=10$ V $I_E=0$
$\beta(h_{FE})$色标分挡		(红)30～60　(绿)50～110　(蓝)90～160　(白)>150				

常用国外硅高频小功率管的型号及参数见附表 16。

附表 16　　**常用国外硅高频小功率管的型号及参数**

型号	类型	P_{CM}/mW	I_{CM}/mA	$I_{(BR)CBO}$/V	特征频率/MHz	相近管型
9012	Si-PNP	400	−400	−20	200	3CG2、3CG21
9013	Si-NPN	400	400	40	250	3DG130、3DG12
2N3904	Si-NPN		200	60		3DK40B
2N3906	Si-PNP		−200	−40		3CK3F

常用 N 沟道结型场效应管 3DJ6 的型号及参数见附表 17。

附表 17　常用 N 沟道结型场效应管 3DJ6 的型号及参数

参数 \ 型号	3DJ6D	3DJ6E	3DJ6F	3DJ6G	3DJ6H	3DJ6F	3DJ6G
饱和漏源电流 I_{DSS}/mA	≤0.35	0.3～1.2	1～3.5	3～6.5	6～10	1～3.5	3～11
夹断电压 U_P/V	≤|−9|	≤|−9|	≤|−9|	≤|−9|	≤|−9|	≤|−9|	≤|−9|
栅源绝缘电阻 R_{GS}/Ω	≥10^8	≥10^8	≥10^8	≥10^8	≥10^8	≥10^7	≥10^7
共源小信号低频跨导 g_m/μS	>1 000	>1 000	>1 000	>1 000	>1 000	>3 000	>3 000
输入电容 C_{GS}/pF	≤5	≤5	≤5	≤5	≤5	≤6	≤6
反馈电容 C_{GD}/pF	≤2	≤2	≤2	≤2	≤2	≤3	≤3
低频噪声系数/dB	≤5	≤5	≤5	≤5	≤5	≤5	≤5
高频功率增益/dB	≥10	≥10	≥10	≥10	≥10	≥10	≥10
最高振荡频率 f_{max}/MHz	≥30	≥30	≥30	≥30	≥30	≥30	≥30
最大漏源电压 $U_{(BR)DS}$/V	≥20	≥20	≥20	≥20	≥20	≥20	≥20
最大栅源电压 $U_{(BR)GS}$/V	≥20	≥20	≥20	≥20	≥20	≥20	≥20
最大耗散功率 P_{DSM}/W	100	100	100	100	100	100	100
最大漏源电流 I_{DSM}/mA	15	15	15	15	15	15	15

(4)集成电路

集成电路是用半导体工艺或薄、厚膜工艺(或这些工艺的结合),将晶体二极管、双极型三极管、场效应管、电阻器、电容器等元件按照设计电路要求共同制作在一块硅或绝缘体基片上,然后封装成具有特定功能的完整电路。由于将元件集成于半导体芯片上,代替了分立元件,因此,集成电路具有体积小、重量轻、功耗低、性能好、可靠性高、电路性能稳定、成本低等优点。几十年来,集成电路的生产技术得到了迅速的发展,改变了传统电子工业和电子产品的面貌,集成电路得到了极其广泛的应用。

①集成电路的分类

a. 按制作工艺分为薄膜集成电路、厚膜集成电路、半导体集成电路和混合集成电路。

b. 按集成规模分为小规模集成电路、中规模集成电路、大规模集成电路和超大规模集成电路。

c. 按功能分有以下几种。

• 数字集成电路

数字集成电路是指能够传输"0"或"1"两种状态信息并完成逻辑运算和存储、传输及转换功能的电路。数字电路的基本形式有门电路和触发器电路两种。将两者结合起来，就可以组成计数器、寄存器、译码器等各种类型的数字电路。

用双极型三极管或 MOS 场效应管作为核心器件可以制成双极型数字集成电路或 MOS 场效应数字集成电路。常用的双极型数字集成电路有 5433、7433、74LS33 系列。常用的 CMOS 场效应数字集成电路有 4000、74HC33 系列。

大规模数字集成电路多为 MOS 电路，常见的有 ROM(只读存储器)、RAM(随机存储器)、EPROM(可编程只读存储器)、Z80-CPU 以及其他多种电路。

• 模拟集成电路

除了数字集成电路以外的集成电路都称为模拟集成电路。模拟集成电路分为线性集成电路和非线性集成电路。线性集成电路指输出信号与输入信号呈线性关系的电路。最常见的是各类运算放大器。输出信号不随输入信号线性变化的电路称为非线性集成电路，如对数放大器、检波器、变频器、稳压电路及家用电器中的专用集成电路等。

②集成电路的外封装形式

集成电路的外封装形式大致可分为金属封装、陶瓷封装和塑料封装三种。

③常用集成运算放大器的型号及参数

常用集成运算放大器的型号及参数见附表 18。

附表 18　　常用集成运算放大器的型号及参数

参数 \ 型号	μA741/CF741	CF158/258/358（双运放）	CF124/224/324（四运放）
输入失调电压 U_{IO}/mV	2	±2	±2
输入失调电流 I_{IO}/nA	20	±3	±3
输入偏置电流 I_{IB}/nA	80	45	45
差模电压增益 A_{od}/dB	80	100	100
共模抑制比 K_{CMR}/dB	90	85	85
输入共模电压范围 U_{IC}/V	±13	$U_+=-1.5$ V	$U_+=-1.5$ V
差模输入电阻 R_{id}/kΩ	2 000		
输出电阻 R_o/Ω	75		
电源电压范围 u_{CC}/V	±15	±1.5～±15	±1.5～±15
输出短路电流 I_{oS}/mA	25	40	40
转换速率 S_R/(V·μs^{-1})	0.5($R_L \geqslant 2$ kΩ)		
静态功耗 P_C/mW	50		

常用固定输出三端稳压器(CW7800 和 CW7900)的型号及参数见附表 19。

附表 19　　常用固定输出三端稳压器(CW7800 和 CW7900)的型号及参数

正输出稳压器型号	负输出稳压器型号	输出电压及偏差 u_o/V	输出电压及偏差 $\frac{\Delta u}{u_o}\times 100\%$	输出最大电流 I_{oM}/mA	输入电压 u_{imin}/u_{imax}/V	调整率 S_u/mV	调整率 S_i/mV	温度系数 $(\Delta U_o/\Delta T)$ /(mV・℃$^{-1}$)
78L05	79L05			100	7/30	200	60	
78M05	79M05	5	±4%	500	7/35	100	100	1
7805	7905			1 500				
78L06	79L06			100		200	60	
78M06	79M06	6	±4%	500	8/35	120	120	1
7806	7906			1 500				
78L09	79L09			100		200	90	
78M09	79M09	9	±4%	500	11/35	120	120	1.1
7809	7909			1 500				
CW78L12	CW79L12			100		200		
CW78M12	CW79M12	12	±4%	500	14/35	120	120	1.2
CW7812	CW7912			1 500				
CW78L15	CW79L15			100		200		
CW78M15	CW79M15	15	±4%	500	17/35	150	150	1.2
CW7815	CW7915			1 500				
CW78L18	CW79L18			100		200		
CW78M18	CW79M18	18	±4%	500	20/35	180	180	1.2
CW7818	CW7918			1 500				
CW78L24	CW79L24			100		200		
CW78M24	CW79M24	24	±4%	500	26/40	240	240	1.2
CW7824	CW7924			1 500				

参考文献

[1] 北京邮电大学电路分析实验指导书,2011.

[2] 北京润尼尔网络科技有限公司电路分析虚拟实验系统实验指导书,2011.

[3] 浙江求是模拟电子技术实验指导书,2006.

[4] 陈庭勋.模拟电子技术实验指导.杭州:浙江大学出版社,2009.

[5] 王鲁云,张辉.模拟电路实验教程.大连:大连理工大学出版社,2010.

[6] 李宁.模拟电路实验.北京:清华大学出版社,2011

[7] TDS 1000B-SC系列数字存储示波器用户手册.